問題集

微分積分

矢野健太郎　石原　繁
編

石原　繁　船橋昭一　石原育夫
執筆

東京　裳華房　発行

JCOPY 〈出版者著作権管理機構 委託出版物〉

はじめに

　微分積分は現代の科学，経済学そして社会学等多岐にわたる分野で必須の基礎知識といってよいでしょう．大学レベルの応用数学は微分積分を基礎に展開されます．微分積分の理解は，繰り返し公式を使う反復練習による計算力の向上と，公式の適用技術の熟達がその近道です．

　本書は，著者たちが 1991 年に教科書として刊行した『微分積分（改訂版）』に掲載の第 2 章から第 8 章までの演習問題と解答をそのまま収録したものです．このため，**前著（上記教科書）との併用問題集ではありません**．本書の目的は，前著とは別な教科書で学習している読者に，さらに数多くの問題を提供し，より一層の計算力向上を目指してもらうための補助教材です．ご指導にあたる教授諸氏におかれては，適宜収録の問題を採用し，学生諸君の学力向上の一助とされるようお願いする次第です．

　各章の問題は二部構成で，演習問題 A は基本・重要公式を直接適用し，反復練習ができるものです．演習問題 B は，独特の工夫を要する問題，既習の公式をいくつか利用する複合問題，さらに進んだ学習への準備問題などです．また，やや高度な問題には * 印をつけ，解答にヒントを用意してあります．

　本書は独自の問題集としての企画によらず，既刊書籍からの抜粋・収録という方法を採用しました．そのため，前著の例題として扱われている基本問題は本書から抜けています．しかし，これらの基本問題（または同等の問題）の多くは，他の教科書に必ず掲載されているもので，本書を単独で使用せずに併用問題集として使用する限りにおいては，何ら支障がないものと考えます．本書を通じ，学生諸君の実力向上を祈ってやみません．

2010 年 2 月

著　者

目　次

基本公式 1 ……………………………………………… 1
基本公式 2 ……………………………………………… 6

1. 微　分
　§1. 関数の極限・連続関数 ……………………… 8
　§2. 微分の基本公式 ……………………………… 10
　§3. 三角関数 ……………………………………… 13
　§4. 逆三角関数 …………………………………… 15
　§5. 指数関数・対数関数 ………………………… 17

2. 微分の応用
　§1. 微分の応用 …………………………………… 20
　§2. 関数の増減 …………………………………… 22
　§3. 極値・凹凸 …………………………………… 23
　§4. 高次導関数 …………………………………… 25

3. 不定積分
　§1. 基本的な不定積分 …………………………… 27
　§2. 置換積分・部分積分 ………………………… 29
　§3. 三角関数の積分 ……………………………… 31
　§4. 有理関数，無理関数の積分 ………………… 33

4. 定積分
　§1. 定積分 ………………………………………… 36
　§2. 定積分の計算 ………………………………… 37

§3. 広義の積分 ……………………………… 39
　　　§4. 面積・体積 ……………………………… 40

5. 微分積分の応用
　　　§1. 数列・級数 ……………………………… 42
　　　§2. 関数の展開 ……………………………… 44
　　　§3. 不定形の極限 …………………………… 45
　　　§4. 定積分の応用 …………………………… 47

6. 偏微分
　　　§1. 偏微分 …………………………………… 49
　　　§2. 基本公式 ………………………………… 51
　　　§3. 偏微分の応用 …………………………… 53

7. 重積分
　　　§1. 2重積分 ………………………………… 55
　　　§2. 3重積分・体積 ………………………… 57

解　　答 ……………………………………… 59

基本公式1

1. 式の計算

因数分解
$$a^2 + 2ab + b^2 = (a+b)^2$$
$$a^2 - 2ab + b^2 = (a-b)^2$$
$$a^2 - b^2 = (a+b)(a-b)$$
$$x^2 + (a+b)x + ab = (x+a)(x+b)$$
$$acx^2 + (ad+bc)x + bd = (ax+b)(cx+d)$$
$$a^3 + 3a^2b + 3ab^2 + b^3 = (a+b)^3$$
$$a^3 - 3a^2b + 3ab^2 - b^3 = (a-b)^3$$
$$a^3 + b^3 = (a+b)(a^2 - ab + b^2) \quad \text{(立方の和)}$$
$$a^3 - b^3 = (a-b)(a^2 + ab + b^2) \quad \text{(立方の差)}$$

剰余の定理 整式 $f(x)$ を $x - a$ で割った余り $R : R = f(a)$

因数定理 整式 $f(x)$ が因数 $x - a$ をもつ $\iff f(a) = 0$

2重根号
$$\sqrt{a + b + 2\sqrt{ab}} = \sqrt{a} + \sqrt{b} \quad (a > 0,\ b > 0)$$
$$\sqrt{a + b - 2\sqrt{ab}} = \sqrt{a} - \sqrt{b} \quad (a > b > 0)$$

2. 方程式と不等式

解の公式
$$ax^2 + bx + c = 0 \qquad ax^2 + 2b'x + c = 0$$
$$x = \frac{-b \pm \sqrt{b^2 - 4ac}}{2a} \qquad x = \frac{-b' \pm \sqrt{b'^2 - ac}}{a}$$

2次方程式 $ax^2 + bx + c = 0$ の解を $\alpha,\ \beta$ とする．

解と係数の関係 $\quad \alpha + \beta = -\dfrac{b}{a} \quad \alpha\beta = \dfrac{c}{a}$

2次式の因数分解 $\quad ax^2 + bx + c = a(x - \alpha)(x - \beta)$

判別式 $D = b^2 - 4ac$ と解 $(\alpha \leq \beta)$

$a > 0$	$D > 0$	$D = 0$	$D < 0$
$ax^2 + bx + c = 0$	異なる2つの実数解	2重解 α	異なる2つの虚数解
$ax^2 + bx + c > 0$	$x < \alpha,\quad x > \beta$	$x \neq \alpha$	実数全体
$ax^2 + bx + c < 0$	$\alpha < x < \beta$	解なし	解なし

相加平均と相乗平均 $\quad \dfrac{1}{2}(a+b) \geq \sqrt{ab} \quad (a \geq 0,\ b \geq 0)$

絶対値 $\quad \sqrt{a^2} = |a| \geq 0$

$\qquad |A| \leq a \iff -a \leq A \leq a$

$\qquad |A| \geq a \iff A \leq -a,\ A \geq a \qquad (a > 0)$

3. 関数とグラフ

2次関数 $\quad y = ax^2 + bx + c = a(x-\alpha)(x-\beta)$

$\quad$ 基本変形 $\quad y = a(x-p)^2 + q \quad$ 軸 $x = p$, 頂点 (p, q)

$\quad$ グラフ $\quad a > 0$ ならば下に凸 $\quad a < 0$ ならば上に凸

$\qquad\qquad y = ax^2$ を x 軸方向に p, y 軸方向に q だけ平行移動

$\quad$ 最大最小 $\quad a > 0 : x = p$ で最小値 $q \quad a < 0 : x = p$ で最大値 q

$\quad x$ 軸との交点 $\quad D > 0 : (\alpha, 0),\ (\beta, 0) \quad D = 0 : (\alpha, 0)$ (接する)

$\qquad\qquad D < 0 :$ 交点なし

関数 $y = f(x)$ のグラフの対称移動

$\quad x$ 軸に関して: $y = -f(x) \qquad$ 原点に関して : $y = -f(-x)$

$\quad y$ 軸に関して: $y = f(-x) \qquad y = x$ に関して: $x = f(y)$

逆関数 $\quad$ (1) $y = f(x)$ を x について解く: $x = g(y)$

$\qquad\qquad$ (2) x と y を交換する: $y = g(x)$

4. 平面図形と式

$\quad$ 2点 $P(x_1, y_1),\ Q(x_2, y_2)$ について

2点間の距離 $\quad PQ = \sqrt{(x_2-x_1)^2 + (y_2-y_1)^2}$

内分点 $\quad \left(\dfrac{nx_1 + mx_2}{m+n},\ \dfrac{ny_1 + my_2}{m+n} \right)$

外分点 $\quad \left(\dfrac{-nx_1 + mx_2}{m-n},\ \dfrac{-ny_1 + my_2}{m-n} \right)$

直線の方程式 $\quad ax + by + c = 0$

$\quad$ 傾き m, y 切片 b の直線: $y = mx + b$

$\quad y$ 軸に平行な直線: $x = a$

$\quad$ 2点 $P(x_1, y_1),\ Q(x_2, y_2)$ を通る直線: $y - y_1 = \dfrac{y_2 - y_1}{x_2 - x_1}(x - x_1)$

2直線 $y = mx + b,\ y = m'x + b'$ の

$\quad$ 平行条件: $m = m' \qquad$ 垂直条件: $mm' = -1$

円の方程式 $\quad (x-a)^2 + (y-b)^2 = r^2 \quad$ 中心 (a, b), 半径 r

$\quad$ 円 $x^2 + y^2 = r^2$ の周上の点 (x_1, y_1) における接線: $x_1 x + y_1 y = r^2$

5. 指数関数・対数関数

累乗根の積と商

$$\sqrt[n]{a}\sqrt[n]{b}=\sqrt[n]{ab} \qquad \sqrt[n]{\frac{a}{b}}=\frac{\sqrt[n]{a}}{\sqrt[n]{b}} \qquad (\sqrt[n]{a})^m=\sqrt[n]{a^m} \quad (a>0,\ b>0)$$

負の指数・分数指数（m は整数，n は正整数）

$$a^0=1,\ a^{-n}=\frac{1}{a^n}\ (a\neq 0);\qquad a^{\frac{1}{n}}=\sqrt[n]{a},\quad a^{\frac{m}{n}}=\sqrt[n]{a^m}\quad (a>0)$$

指数法則 $\quad a^r a^s=a^{r+s} \qquad (a^r)^s=a^{rs} \qquad (ab)^r=a^r b^r$

指数関数と対数関数 ($a>0,\ a\neq 1$)

$y=a^x$ と $y=\log_a x$ のグラフは直線 $y=x$ に関して対称．

$$y=\log_a x \iff x=a^y$$
$$\log_a 1=0 \iff a^0=1 \qquad \log_a a=1 \iff a^1=a$$

対数法則 ($a>0,\ a\neq 1,\ M>0,\ N>0$)

$$\log_a MN=\log_a M+\log_a N \qquad \text{(積の対数)}$$
$$\log_a \frac{M}{N}=\log_a M-\log_a N \qquad \text{(商の対数)}$$
$$\log_a M^r=r\log_a M \qquad \text{(累乗の対数)}$$
$$\text{底の変換}\quad \log_a b=\frac{\log_c b}{\log_c a} \qquad (c>0,\ c\neq 1)$$

6. 三角関数

弧度法 $\quad a°+360°\times n = a\times\dfrac{\pi}{180}+2\pi n$（ラジアン）

弧の長さ：$l=r\theta \qquad$ おうぎ形の面積：$S=\dfrac{1}{2}r^2\theta$

三角比
$$\sin\theta=\frac{y}{r}$$
$$\cos\theta=\frac{x}{r}$$
$$\tan\theta=\frac{y}{x}$$

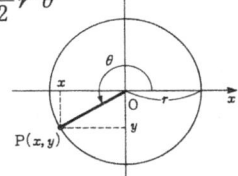

θ	0	30°	45°	60°	90°	120°	135°	150°	180°
$\sin\theta$	0	$\dfrac{1}{2}$	$\dfrac{1}{\sqrt{2}}$	$\dfrac{\sqrt{3}}{2}$	1	$\dfrac{\sqrt{3}}{2}$	$\dfrac{1}{\sqrt{2}}$	$\dfrac{1}{2}$	0
$\cos\theta$	1	$\dfrac{\sqrt{3}}{2}$	$\dfrac{1}{\sqrt{2}}$	$\dfrac{1}{2}$	0	$-\dfrac{1}{2}$	$-\dfrac{1}{\sqrt{2}}$	$-\dfrac{\sqrt{3}}{2}$	-1
$\tan\theta$	0	$\dfrac{1}{\sqrt{3}}$	1	$\sqrt{3}$		$-\sqrt{3}$	-1	$-\dfrac{1}{\sqrt{3}}$	0

基本公式1

三角関数 $\sin(-\theta)=-\sin\theta \quad \cos(-\theta)=\cos\theta \quad \tan(-\theta)=-\tan\theta$

$\tan\theta=\dfrac{\sin\theta}{\cos\theta} \quad \sin^2\theta+\cos^2\theta=1$

$1+\tan^2\theta=\dfrac{1}{\cos^2\theta}=\sec^2\theta \quad 1+\cot^2\theta=\dfrac{1}{\sin^2\theta}=\operatorname{cosec}^2\theta$

関数	$y=\sin x$	$y=\cos x$	$y=\tan x$
値域	$-1\leq\sin x\leq 1$	$-1\leq\cos x\leq 1$	実数全体
グラフ	原点に関して対称	y軸に関して対称	原点に関して対称
周期	2π	2π	π

正弦定理 $\dfrac{a}{\sin A}=\dfrac{b}{\sin B}=\dfrac{c}{\sin C}=2R \quad$（$R$ は外接円の半径）

余弦定理 $a^2=b^2+c^2-2bc\cos A$

加法定理

$\sin(\alpha+\beta)=\sin\alpha\cos\beta+\cos\alpha\sin\beta \qquad \sin(\alpha-\beta)=\sin\alpha\cos\beta-\cos\alpha\sin\beta$

$\cos(\alpha+\beta)=\cos\alpha\cos\beta-\sin\alpha\sin\beta \qquad \cos(\alpha-\beta)=\cos\alpha\cos\beta+\sin\alpha\sin\beta$

$\tan(\alpha+\beta)=\dfrac{\tan\alpha+\tan\beta}{1-\tan\alpha\tan\beta} \qquad \tan(\alpha-\beta)=\dfrac{\tan\alpha-\tan\beta}{1+\tan\alpha\tan\beta}$

2倍角の公式 $\sin 2\alpha=2\sin\alpha\cos\alpha \qquad \cos 2\alpha=2\cos^2\alpha-1=1-2\sin^2\alpha$

半角の公式 $\sin^2\dfrac{\alpha}{2}=\dfrac{1-\cos\alpha}{2} \qquad \cos^2\dfrac{\alpha}{2}=\dfrac{1+\cos\alpha}{2}$

積⟷和・差の公式

$\sin\alpha\cos\beta=\dfrac{1}{2}\{\sin(\alpha+\beta)+\sin(\alpha-\beta)\}$

$\cos\alpha\cos\beta=\dfrac{1}{2}\{\cos(\alpha+\beta)+\cos(\alpha-\beta)\}$

$\sin\alpha\sin\beta=-\dfrac{1}{2}\{\cos(\alpha+\beta)-\cos(\alpha-\beta)\}$

$\sin A+\sin B=2\sin\dfrac{A+B}{2}\cos\dfrac{A-B}{2}$

$\sin A-\sin B=2\cos\dfrac{A+B}{2}\sin\dfrac{A-B}{2}$

$\cos A+\cos B=2\cos\dfrac{A+B}{2}\cos\dfrac{A-B}{2}$

$\cos A-\cos B=-2\sin\dfrac{A+B}{2}\sin\dfrac{A-B}{2}$

基本公式 1

3倍角の公式　　$\sin 3\alpha = 3\sin\alpha - 4\sin^3\alpha$　　$\cos 3\alpha = 4\cos^3\alpha - 3\cos\alpha$

三角関数の合成　　$a\sin x + b\cos x = \sqrt{a^2+b^2}\sin(x+\alpha)$　　ただし　$\tan\alpha = \dfrac{b}{a}$

三角方程式（n は整数）

方程式	$\sin x = a$	$\cos x = a$	$\tan x = a$
解	$x = 2n\pi + \theta,\ (2n+1)\pi - \theta$	$x = 2n\pi \pm \theta$	$x = n\pi + \theta$

7. 数列と二項定理

数　列	等差数列（公差 d）	等比数列（公比 r）
一般項（初項 a）	$a_n = a + (n-1)d$	$a_n = ar^{n-1}$
$S_n = \sum\limits_{k=1}^{n} a_k$	$S_n = \dfrac{1}{2}n\{2a+(n-1)d\}$	$S_n = \dfrac{a(1-r^n)}{1-r}$　$(r \neq 1)$

自然数の累乗の和

$$\sum_{k=1}^{n} k = \frac{1}{2}n(n+1) \qquad \sum_{k=1}^{n} k^2 = \frac{1}{6}n(n+1)(2n+1) \qquad \sum_{k=1}^{n} k^3 = \left\{\frac{1}{2}n(n+1)\right\}^2$$

階差数列　　数列 $\{a_n\}$ の階差数列を $\{b_n\}$ とする．

$$b_n = a_{n+1} - a_n \qquad a_n = a_1 + \sum_{k=1}^{n-1} b_k \qquad (n \geq 2)$$

順列　　　$_n\mathrm{P}_r = \dfrac{n!}{(n-r)!}$

組合せ　　$_n\mathrm{C}_r = {}_n\mathrm{C}_{n-r} = \dfrac{n!}{(n-r)!\,r!}$　　　$_n\mathrm{P}_n = n! = n(n-1)\cdots 3\cdot 2\cdot 1$

二項定理　　$(a+b)^n = \sum\limits_{r=0}^{n} {}_n\mathrm{C}_r a^{n-r} b^r = {}_n\mathrm{C}_0 a^n + {}_n\mathrm{C}_1 a^{n-1}b + \cdots + {}_n\mathrm{C}_n b^n$

数学的帰納法　　命題 $\mathrm{P}(n)$ について
（1）　命題 $\mathrm{P}(1)$ が成り立つことを示し，
（2）　命題 $\mathrm{P}(k)$ が成り立つとすれば，命題 $\mathrm{P}(k+1)$ が成り立つことを示す．

基本公式2

微分の公式　　$(fg)' = f'g + fg'$　　　（積の導関数）

$\left(\dfrac{f}{g}\right)' = \dfrac{f'g - fg'}{g^2}$　　（商の導関数）

$y = f(u),\ u = g(x)$ のとき　　$\dfrac{dy}{dx} = \dfrac{dy}{du}\dfrac{du}{dx}$　　（合成関数の微分）

積分の公式　　$\displaystyle\int f(x)\,dx = \int f(\varphi(t))\varphi'(t)\,dt$　　$(x = \varphi(t))$　　（置換積分）

$\displaystyle\int f(x)g'(x)\,dx = f(x)g(x) - \int f'(x)g(x)\,dx$　　（部分積分）

不定積分

$f(x)$	$\int f(x)\,dx$
x^a	$\dfrac{1}{a+1}x^{a+1}$
e^x	e^x
$\dfrac{1}{x}$	$\log|x|$
$\sin x$	$-\cos x$
$\cos x$	$\sin x$
$\sec^2 x$	$\tan x$
$\operatorname{cosec}^2 x$	$-\cot x$
$\tan x$	$-\log|\cos x|$
$\cot x$	$\log|\sin x|$

$f(x)$ $(a > 0)$	$\int f(x)\,dx$
$\dfrac{1}{a^2 + x^2}$	$\dfrac{1}{a}\tan^{-1}\dfrac{x}{a}$
$\dfrac{1}{\sqrt{a^2 - x^2}}$	$\sin^{-1}\dfrac{x}{a}$
$\dfrac{1}{\sqrt{x^2 + A}}$	$\log|x + \sqrt{x^2 + A}|$
$\sqrt{a^2 - x^2}$	$\dfrac{1}{2}\left(x\sqrt{a^2 - x^2} + a^2\sin^{-1}\dfrac{x}{a}\right)$
$\sqrt{x^2 + A}$	$\dfrac{1}{2}\left(x\sqrt{x^2 + A} + A\log|x + \sqrt{x^2 + A}|\right)$
$\sinh x$	$\cosh x$
$\cosh x$	$\sinh x$
$\dfrac{1}{x^2 - a^2}$	$\dfrac{1}{2a}\log\left|\dfrac{x-a}{x+a}\right|$

定積分　　$\displaystyle\int_0^{\frac{\pi}{2}}\sin^n x\,dx = \int_0^{\frac{\pi}{2}}\cos^n x\,dx = \begin{cases} \dfrac{n-1}{n}\dfrac{n-3}{n-2}\cdots\dfrac{1}{2}\dfrac{\pi}{2} & (n：偶数) \\[2mm] \dfrac{n-1}{n}\dfrac{n-3}{n-2}\cdots\dfrac{2}{3} & (n：奇数) \end{cases}$

マクローリン展開

$$e^x = 1 + \frac{x}{1!} + \frac{x^2}{2!} + \frac{x^3}{3!} + \cdots + \frac{x^n}{n!} + \cdots$$

$$\sin x = x - \frac{x^3}{3!} + \frac{x^5}{5!} - \frac{x^7}{7!} + \cdots + (-1)^n \frac{x^{2n+1}}{(2n+1)!} + \cdots$$

$$\cos x = 1 - \frac{x^2}{2!} + \frac{x^4}{4!} - \frac{x^6}{6!} + \cdots + (-1)^n \frac{x^{2n}}{(2n)!} + \cdots$$

$$\log(1+x) = x - \frac{x^2}{2} + \frac{x^3}{3} - \frac{x^4}{4} + \cdots + (-1)^{n-1} \frac{x^n}{n} + \cdots$$

関数 $f(x)$ の極値　　$f'(a) = 0$ とする．

　　$f''(a) < 0 \implies f(a)$ は極大値　　　$f''(a) > 0 \implies f(a)$ は極小値

関数 $f(x, y)$ の極値　　$f_x(a, b) = 0,\ f_y(a, b) = 0,\ D = \{f_{xy}\}^2 - f_{xx} f_{yy}$ とする．

　　$D(a, b) < 0,\ f_{xx}(a, b) < 0 \implies f(a, b)$ は極大値

　　$D(a, b) < 0,\ f_{xx}(a, b) > 0 \implies f(a, b)$ は極小値

回転体の体積　　$\pi \int_a^b y^2 \, dx$　　　　**曲線の長さ**　　$\int_a^b \sqrt{1 + y'^2} \, dx$

極座標による2重積分　　$\iint_D F(x, y) \, dx \, dy = \int_\alpha^\beta \int_{g(\theta)}^{f(\theta)} F(r \cos \theta,\ r \sin \theta) \, r \, dr \, d\theta$

1. 微 分

§1. 関数の極限・連続関数

演習問題 A

1. 次の極限値を求めよ．

(1) $\displaystyle\lim_{x \to 1} \frac{x^3 - x^2 + 2x - 2}{x^3 + 2x^2 - x - 2}$

(2) $\displaystyle\lim_{x \to 1} \frac{x - 1}{\sqrt{x^2 + 1} - \sqrt{2}}$

(3) $\displaystyle\lim_{x \to 3} \frac{\sqrt{x + 2} - \sqrt{5}}{x - 3}$

(4) $\displaystyle\lim_{x \to \infty} \frac{4x^2 + 5x - 8}{5x^2 - 2x + 7}$

(5) $\displaystyle\lim_{x \to \infty} (\sqrt{x - 1} - \sqrt{x})$

(6) $\displaystyle\lim_{x \to \infty} \frac{2^x - 3^x}{3^x + 2^x}$

2. グラフを用いて，次の極限値を求めよ．

(1) $\displaystyle\lim_{x \to -\infty} 5^x$

(2) $\displaystyle\lim_{x \to -\infty} 4^x$

(3) $\displaystyle\lim_{x \to \infty} 3^{-x}$

(4) $\displaystyle\lim_{x \to \infty} \log_3 x$

(5) $\displaystyle\lim_{x \to +0} \log_2 x$

(6) $\displaystyle\lim_{x \to \infty} \log_{\frac{1}{2}} x$

3. 次の極限値を求めよ．

(1) $\displaystyle\lim_{x \to 3-0} \frac{2x^2 - 7x + 3}{|x - 3|}$

(2) $\displaystyle\lim_{x \to 1+0} 3^{\frac{2}{1-x}}$

(3) $\displaystyle\lim_{x \to +0} \left(\frac{1}{5}\right)^{\frac{1}{x}}$

(4) $\displaystyle\lim_{x \to -0} \frac{1}{1 + 2^{\frac{1}{x}}}$

(5) $\displaystyle\lim_{x \to \frac{\pi}{2}-0} \frac{1}{1 + \tan x}$

(6) $\displaystyle\lim_{x \to +0} \frac{\log_2 x}{\log_2 x + 3}$

4. 次の極限が存在するように a の値を定め，極限値を求めよ．

(1) $\displaystyle\lim_{x \to 2} \frac{x^2 - ax - 6}{x - 2}$

(2) $\displaystyle\lim_{x \to 1} \frac{ax^2 - 1}{2x^2 + x - 3}$

(3) $\displaystyle\lim_{x \to -3} \frac{5x^2 + 16x + a}{3x^2 + 8x - 3}$

(4) $\displaystyle\lim_{x \to 2} \frac{\sqrt{a - x} - 1}{2 - x}$

5. 次の極限値を求めよ．

(1) $\displaystyle\lim_{x \to 3+0} \{\log_6(x^2 - 9) - \log_6(x - 3)\}$

(2) $\displaystyle\lim_{x \to \infty} \{\log_3 x^2 - \log_3 (x^2 + 5x + 2)\}$

§1. 関数の極限・連続関数

6. 2つの円 $x^2+y^2=1$ と $(x-a)^2+(y-a)^2=1$ の交点は，$a\to 0$ のとき，どのような点に近づくか．

7. 関数 $y=2x-[\,x\,]$ のグラフの概形をかけ．

8. 次の方程式は区間 I で実数解をもつことを示せ．
  (1) $x^3-9x-7=0$, $\quad I=(0,\,4)$
  (2) $2^x-5x^2+1=0$, $\quad I=(0,\,1)$
  (3) $x+1=\cos x$, $\quad I=\left(-\dfrac{\pi}{3},\,\dfrac{\pi}{6}\right)$
  (4) $\log_4 x+x^3=0$, $\quad I=\left(\dfrac{1}{4},\,1\right)$

演習問題 B

1. 次の極限値を求めよ．
  (1) $\displaystyle\lim_{x\to 0}\dfrac{\sqrt{x^2+x+1}-1}{\sqrt{1+x}-\sqrt{1-x}}$
  (2) $\displaystyle\lim_{x\to +0}\left(\sqrt{\dfrac{1}{x}+1}-\sqrt{\dfrac{1}{x}-1}\right)$
  (3) $\displaystyle\lim_{x\to\infty}\left(\dfrac{1}{2}\right)^{\frac{1}{\sqrt{x+1}-\sqrt{x-1}}}$
  (4) $\displaystyle\lim_{x\to -\infty}(\sqrt{x^2-x+1}-\sqrt{x^2+3x+1})$

2. 次の等式が成り立つように，a, b の値を定めよ．
  (1) $\displaystyle\lim_{x\to -1}\dfrac{ax^2-2x+b}{x^2+6x+5}=-1$
  (2) $\displaystyle\lim_{x\to 1}\dfrac{x^2+2x-3}{x^3-2x^2+ax+b}=-\dfrac{2}{3}$
  (3) $\displaystyle\lim_{x\to\infty}(\sqrt{ax^2+bx+1}-2x)=3$
  (4)* $\displaystyle\lim_{x\to\infty}\{\sqrt{3x^2+4x+7}-(ax+b)\}=0$

3. 次の極限値を求めよ．
  (1) $\displaystyle\lim_{x\to\infty}(2^x-a^x)$
  (2) $\displaystyle\lim_{x\to\infty}(a^x-b^x)\quad(a>1,\,b>1)$
  (3) $\displaystyle\lim_{x\to\infty}\dfrac{a^x}{1+a^x}$
  (4) $\displaystyle\lim_{x\to\infty}\dfrac{a^x-a^{-x}}{a^x+a^{-x}}$

4.* 次の3つの条件をみたす5次の整式 $f(x)$ を求めよ．
$$\lim_{x\to -1}\dfrac{f(x)}{x+1}=6,\quad \lim_{x\to 1}\dfrac{f(x)}{x-1}=-6,\quad \lim_{x\to 2}\dfrac{f(x)}{x-2}=3$$

5. 3次の整式 $f(x)$ が条件 $\lim_{x\to 0}\dfrac{f(x)}{x}=1$, $\lim_{x\to 2a}\dfrac{f(x)}{x-2a}=1$ ($a\neq 0$) をみたすとき,極限 $\lim_{x\to a}\dfrac{f(x)}{x-a}$ を求めよ.

6. 次の関数 $f(x)$ が $x=a$ で連続であるように,a を定めよ.
$$f(x)=\begin{cases} x-3a+9 & (x>a) \\ x^2-ax+3 & (x\leq a) \end{cases}$$

7. 次の関数のグラフの概形をかけ.
  (1) $y=\dfrac{|x|-2}{|x-2|}$ (2) $y=\dfrac{[x]}{x}$ ($x\geq 1$)

8. 次の方程式は区間 (a, b), (b, c) において,それぞれ実数解をもつことを示せ.
$$(x-a)(x-b)+(x-b)(x-c)+(x-c)(x-a)=0$$

9. 任意の3次方程式は少なくとも1つの実数解をもつことを証明せよ.

10.* 方程式 $x^3-9x-m(x^2-1)=0$ は,m の値に関係なく,3つの実数解をもつことを示せ.

§2. 微分の基本公式

演習問題 A

1. 次の関数を微分せよ.
  (1) $2\sqrt{x}+x^5$ (2) $x^{-4}+x^3$ (3) $\sqrt{x^3}-3x^{-3}$
  (4) $\dfrac{1}{\sqrt{x}}+x^4$ (5) $\dfrac{1}{5}x^{-5}+\dfrac{1}{x^2}$ (6) $\dfrac{2}{x}-\dfrac{1}{x^6}$

2. 次の関数を微分せよ.
  (1) $x^{\frac{1}{5}}+x^{\frac{4}{3}}$ (2) $3x^{\frac{2}{3}}-x^{-\frac{1}{4}}$ (3) $2x^{\frac{5}{2}}+x^{-\frac{2}{3}}$
  (4) $\dfrac{1}{3}\sqrt[4]{x^3}-\dfrac{1}{\sqrt[3]{x}}$ (5) $\dfrac{2}{\sqrt{x^3}}+\dfrac{3}{\sqrt[3]{x^2}}$ (6) $\dfrac{1}{5}\sqrt[3]{x^5}-\dfrac{1}{\sqrt[5]{x}}$

3. 公式 $\{f(ax+b)\}'=af'(ax+b)$ を用いて,次の関数を微分せよ.
  (1) $y=(2x+1)^{-3}$ (2) $y=\sqrt[3]{6x+7}$ (3) $y=\sqrt{(5-2x)^3}$
  (4) $y=(3x+2)^{\frac{4}{3}}$ (5) $y=\sqrt[4]{(3x+5)^3}$ (6) $y=(4x+5)^{-\frac{1}{4}}$

§2. 微分の基本公式

4. 次の各式を展開して，導関数を求めよ．
 (1) $y = (2\sqrt{x} + x)(3x^2 + 2x)$
 (2) $y = (x^{-5} + x^2)(x^3 - x^{-4})$
 (3) $y = \sqrt[3]{x}(\sqrt{x} + \sqrt[4]{x})$
 (4) $y = (\sqrt[3]{x^4} - x)(\sqrt[3]{x} + x^2)$

5. 次の関数を微分せよ．
 (1) $y = (3x + 2)(x^2 + x + 1)$
 (2) $y = (x^2 + 1)(x^2 - x + 1)$
 (3) $y = (x - 1)(x - 2)(x + 3)$
 (4) $y = x(2x - 1)(2 - 3x)$

6. 次の関数を微分せよ．
 (1) $y = \dfrac{1}{x^2 + 4x}$
 (2) $y = \dfrac{1}{x + \sqrt{x}}$
 (3) $y = \dfrac{2 - 3x}{3x + 5}$
 (4) $y = \dfrac{2x + 1}{2x^2 + x + 2}$
 (5) $y = \dfrac{x^2 + 3x}{2 - x^2}$
 (6) $y = \dfrac{\sqrt{x} + 1}{\sqrt{x} - 1}$

7. 次の関数を微分せよ．
 (1) $y = (x^2 - 3x + 9)^3$
 (2) $y = (\sqrt{x} + 3x + 3)^4$
 (3) $y = \sqrt[4]{(x^2 + 5x + 7)^3}$
 (4) $y = \dfrac{1}{\sqrt[4]{x^2 + 1}}$
 (5) $y = \left(\dfrac{3x + 1}{4x + 3}\right)^3$
 (6) $y = \left(\dfrac{3x}{x^2 + 1}\right)^2$

8. 微分可能な関数 $f(x)$ について，次のことを証明せよ．
 (1) $[\{f(x)\}^n]' = n\{f(x)\}^{n-1} f'(x)$ （n は整数）
 (2) $f(x) = f(-x)$ ならば， $f'(x) = -f'(-x)$ である．
 (3) $f(x) = -f(-x)$ ならば， $f'(x) = f'(-x)$ である．

演習問題 B

1. 次の関数を微分せよ．
 (1) $\dfrac{1}{2\sqrt{x^3}} + \left(\dfrac{1}{x}\right)^{\frac{3}{4}}$
 (2) $x^{\frac{3}{5}} + \dfrac{3}{2}\left(\dfrac{1}{x^2}\right)^{-\frac{2}{3}}$
 (3) $\dfrac{1}{8}\left(\dfrac{1}{\sqrt[3]{x}}\right)^{\frac{4}{3}} + \left(\dfrac{1}{\sqrt{x}}\right)^{\frac{1}{3}}$

2. 次の関数を微分せよ．
 (1) $y = (x^2 + 3x + 2)(x^2 + x + 1)$
 (2) $y = (3 - 4x)(1 - 2x)(x + 1)$
 (3) $y = (x + 1)(x - 2)(x + 3)(x - 4)$

3.* 次の関数を微分せよ．

(1) $y = \dfrac{(x+2)^2(x-3)}{(x+1)^3}$

(2) $y = \dfrac{(x-2)^2}{(x+1)^2(x+2)^3}$

(3) $y = \dfrac{\sqrt{x-1}+\sqrt{x+1}}{\sqrt{x+1}-\sqrt{x-1}}$

(4) $y = \dfrac{2x-\sqrt{x}+1}{\sqrt{x}-2x}$

4. 次の関数を微分せよ．

(1) $y = \sqrt{\dfrac{2x+1}{3x+2}}$

(2) $y = \sqrt[3]{\left(\dfrac{1}{x^2}+\dfrac{3}{x}\right)^2}$

(3)* $y = \left(\dfrac{x^2-x^{-2}}{x^2+x^{-2}}\right)^4$

(4) $y = \left(\dfrac{\sqrt[3]{x}-1}{\sqrt[3]{x}+1}\right)^3$

5. 関数 $f(x)$, $g(x)$ が微分可能であって，$g(a) \neq a g'(a)$ のとき，極限値
$\displaystyle\lim_{x \to a} \dfrac{af(x)-xf(a)}{ag(x)-xg(a)}$ を求めよ．

6. $f(x)$ が微分可能であるとき，次の関数を微分せよ．

(1) $y = \sqrt[p]{f(x)}$

(2) $y = \{f(x)\}^{-\frac{1}{p}}$

(3) $y = \sqrt[p]{\{f(x)\}^q}$

7. 微分可能な 3 つの関数 $y=f(u)$, $u=g(v)$, $v=h(x)$ について，次の公式を証明せよ．
$$\dfrac{dy}{dx} = \dfrac{dy}{du}\dfrac{du}{dv}\dfrac{dv}{dx}$$

8.* 底に小さな穴のあいた容器に水 $x\,\text{cm}^3$ を入れると，水の深さ h は $h=\sqrt[3]{x^2}\,\text{cm}$ であるという．水の深さが $h\,\text{cm}$ のとき，穴から毎秒 $\dfrac{\sqrt{h}}{4}\,\text{cm}^3$ の水が流出する．水の深さが 16 cm のとき，毎秒 3 cm³ の水を容器にそそぐと，水面は毎秒何 cm 上昇するか．

9. 整式 $f(x)$ が整式 $(x-a)^2$ で割り切れるための必要十分条件は，$f(a)=0$，$f'(a)=0$ であることを証明せよ．

10. 整式 $f(x)$ について，次のことを証明せよ．

(1) $f(x)=nx^{n+1}-(n+1)x^n+1$ は $(x-1)^2$ で割り切れる．

(2) $f(x)$ を $(x-a)^2$ で割った余りは，$f'(a)x+f(a)-af'(a)$ である．

§3. 三角関数

演習問題 A

1. 次の極限値を求めよ．

(1) $\displaystyle\lim_{x\to 0}\frac{\tan x}{\sin 2x}$
(2) $\displaystyle\lim_{x\to 0}\frac{x+\sin x}{\tan x}$
(3) $\displaystyle\lim_{x\to 0}\frac{1-\cos 2x}{x^2}$

(4) $\displaystyle\lim_{x\to 0}\frac{\cos\left\{\frac{\pi}{2}(x+1)\right\}}{x}$
(5) $\displaystyle\lim_{x\to\frac{\pi}{2}}\frac{\sin(\cos x)}{\cos x}$
(6) $\displaystyle\lim_{x\to\infty}\frac{x}{3}\tan\frac{2}{x}$

2. 次の関数を微分せよ．

(1) $\sin(7x+8)$
(2) $\cos(2-5x)$
(3) $\tan(8x+3)$

(4) $\cot(5-3x)$
(5) $\sec(3x+4)$
(6) $\operatorname{cosec}(6-2x)$

(7) $\sin 3x \cos 5x$
(8) $\sin 7x \tan 2x$
(9) $\cos 2x \tan 3x$

3. 次の関数を微分せよ．

(1) $y=\sqrt{x}\sin x+\dfrac{1}{x^2}$
(2) $y=\dfrac{1}{x^3}\sin 2x+x^3\cos 3x$

(3) $y=\cos 2x+\sqrt[3]{x}\tan x$
(4) $y=x\tan 2x+\operatorname{cosec} 2x$

4. 次の関数を微分せよ．

(1) $y=\dfrac{1}{1+\sin 2x}$
(2) $y=\dfrac{1}{2-\tan 3x}$
(3) $y=\dfrac{\sin 3x}{x}$

(4) $y=\dfrac{\sin x}{1+\cos x}$
(5) $y=\dfrac{1-\tan x}{1+\tan x}$
(6) $y=\dfrac{1-\cos 2x}{1+\cos 2x}$

5. 次の関数を微分せよ．

(1) $y=\tan(x^2+5x)$
(2) $y=\cos(3\sqrt[3]{x}+x)$
(3) $y=\sin^3 x$

(4) $y=\cos^2(3-2x)$
(5) $y=\tan^3 2x$
(6) $y=\sin(\cos 2x)$

(7) $y=\cos\dfrac{x}{x-1}$
(8) $y=\sec\dfrac{x-3}{2x+5}$
(9) $y=\cot(1+\sin x)$

6. 次の等式が成り立つように，a, b の値を定めよ．

(1) $\displaystyle\lim_{x\to 0}\frac{1-\cos x}{ax^2-b+1}=3$
(2) $\displaystyle\lim_{x\to 0}\frac{\cos 3x-1}{ax\sin 3x+b}=\dfrac{3}{4}$

7. 半円 O の直径を AB とし，この円周上に点 P をとり，$\angle \mathrm{PAB}=\theta$ とする．△ABP と扇形 OBP の面積をそれぞれ S_1, S_2 とする．$\theta\to 0$ のとき，$\dfrac{S_1}{S_2}$ はどんな値に近づくか．

演習問題 B

1. 次の極限値を求めよ．

(1) $\displaystyle\lim_{x\to 0}\frac{\sin 2x^2}{\sin^2 2x}$
(2) $\displaystyle\lim_{x\to 0}\frac{\tan x - \sin x}{x^3}$
(3) $\displaystyle\lim_{x\to 1}\frac{\sin \pi x}{x^2 - 1}$

(4) $\displaystyle\lim_{x\to 0}\frac{\tan(\sin \pi x)}{x}$
(5)* $\displaystyle\lim_{x\to 0} x\sin\frac{1}{x}$
(6)* $\displaystyle\lim_{x\to \infty}\frac{\sin x}{x}$

2. 次の等式が成り立つように，a の値を定めよ．
$$\frac{d}{dx}(\cos^2 x - a\cos x) = 4\sin x \sin^2\frac{x}{2}$$

3. 次の関数を微分せよ．

(1) $y = (x^2 + 3x)\sin(3x^2 + 7)$
(2) $y = \sqrt[3]{x}\tan(x^2 + 2x)$

(3) $y = \sin^2(x^2 + 1)$
(4) $y = \dfrac{1 - \sin^2 2x}{1 + \sin^2 2x}$

4.* 次の関数を微分せよ．

(1) $y = \cos\sqrt{7x^2 - 4x + 8}$
(2) $y = \sin(x^2 + 1)^3$

(3) $y = \sin^3\sqrt[4]{x}$
(4) $y = \cos^4(\sqrt{x} + 3)$

(5) $y = \tan\sqrt[3]{3x^2 + 2}$
(6) $y = \tan^2\dfrac{2x - 1}{3x + 1}$

5. 公式
$$\sin A - \sin B = 2\cos\frac{A+B}{2}\sin\frac{A-B}{2}$$
$$\cos A - \cos B = -2\sin\frac{A+B}{2}\sin\frac{A-B}{2}$$

を用いて次の公式 (1), (2) を証明せよ．

(1) $(\sin x)' = \cos x$
(2) $(\cos x)' = -\sin x$

6. 次の関数は原点において微分可能かどうかを調べよ．

(1) $f(x) = \begin{cases} x\sin\dfrac{1}{x} & (x \neq 0) \\ 0 & (x = 0) \end{cases}$
(2) $f(x) = \begin{cases} x^2\sin\dfrac{1}{x} & (x \neq 0) \\ 0 & (x = 0) \end{cases}$

7. 半径 r の半円 O の上に定点 A と動点 P をとり，P から A における接線に垂線 PH を引く．$\angle\text{AOP} = \theta$ とするとき，次の問に答えよ．

§4. 逆三角関数

(1) 線分 AH, PH および弧 $\overarc{AP}$ を r, θ で表せ．

(2) $\displaystyle\lim_{\theta\to 0}\frac{PH}{AH^2}$ を求めよ． (3) $\displaystyle\lim_{\theta\to 0}\frac{PH}{\overarc{AP}^2}$ を求めよ．

§4. 逆三角関数

演習問題 A

1. 次の関数の逆関数を求めよ．

(1) $y=\sqrt[5]{x}$ (2) $y=x^{-3}$ (3) $y=\sqrt{x+3}-2$

2. 次の関数の逆関数の導関数を求めよ．

(1) $y=x^2-2x$ $(x>1)$ (2) $y=x^2+4x-3$ $(x<-2)$

(3) $y=\dfrac{3x+2}{2x-1}$ (4) $y=\dfrac{1}{(x+1)^2}$ $(x>-1)$

3. 次の式の値をいえ．

(1) $\tan^{-1}(-\sqrt{3})$ (2) $\sin(\tan^{-1}0)$ (3) $\sin^{-1}(\sec\pi)$

(4) $\tan^{-1}\left(\cos\dfrac{\pi}{2}\right)$ (5) $\sin^{-1}\left(\dfrac{1}{2}\tan\dfrac{\pi}{3}\right)$ (6) $\tan\left(\sin^{-1}\dfrac{\sqrt{3}}{2}\right)$

4. 次の式を x で解いた形で表せ．ただし，$a\neq 0$ とする．

(1) $y=a\sin 3x$ (2) $y=\sin(x-a)$ (3) $y=\tan ax$

5. 次の関数の導関数を求めよ．

(1) $\sin^{-1}\sqrt{3}x$ (2) $\cos^{-1}2x$ (3) $\tan^{-1}(x+1)$

(4) $\tan x \sin^{-1}2x$ (5) $\sec x \tan^{-1}3x$ (6) $\cot x \sin^{-1}4x$

6. 次の関数の導関数を求めよ．

(1) $y=\sin^{-1}\dfrac{x}{4}$ (2) $y=\sin^{-1}\dfrac{x}{\sqrt{2}}$

(3) $y=\tan^{-1}\dfrac{x-1}{2}$ (4) $y=\sin(5-7x)\sin^{-1}\dfrac{x}{3}$

(5) $y=\tan^{-1}\dfrac{x}{\sqrt{3}}\sin^{-1}(x-1)$ (6) $y=\tan^{-1}3x\tan^{-1}\dfrac{x-1}{2}$

(7) $y=\dfrac{1}{\sin^{-1}2x}$ (8) $y=\dfrac{1}{1+\tan^{-1}x}$

7. 次の関数を微分せよ.
 (1) $y = (\tan^{-1} x)^3$ (2) $y = \sin^{-1}(3 - x^2)$ (3) $y = (\sin^{-1} \sqrt{x})^2$
 (4) $y = \sin^{-1}(\tan x)$ (5) $y = \tan^{-1} \dfrac{1-x}{1+x}$ (6) $y = \tan^{-1}(x^3 + 1)$

8. 次の関数の逆関数の導関数を求めよ.
 (1) $y = 2\sin x$ (2) $y = \tan 2x$ (3) $y = \sin x + 2$

9. 次の極限値を求めよ.
 (1) $\lim\limits_{x \to \infty} \tan^{-1} 2x$ (2) $\lim\limits_{x \to 0} \sin^{-1} \dfrac{x}{\sin 2x}$ (3) $\lim\limits_{x \to 0} \tan^{-1} \dfrac{\sin \sqrt{3} x}{x}$

10. 次の等式を証明せよ.
 (1) $\sin^{-1}(-x) = -\sin^{-1} x$ (2) $\tan^{-1}(-x) = -\tan^{-1} x$

演習問題 B

1. 次の関数の逆関数の導関数を求めよ.
 (1) $y = \dfrac{1}{2}x^2 - 2x + \dfrac{1}{6}$ $(x > 2)$ (2) $y = \sqrt{(3-x)^3}$
 (3) $y = \dfrac{1}{\sqrt[4]{x+1}} + 3$ (4) $y = \dfrac{\sqrt{x}-1}{\sqrt{x}+1}$ (5) $y = \dfrac{x^3 - 1}{x^3 + 1}$

2. 次の関数の導関数を求めよ.
 (1) $y = x\sqrt{4-x^2} + \sin^{-1}\dfrac{x}{2}$ (2) $y = \dfrac{x^2-1}{x^2+1} \sin^{-1}\dfrac{x}{2}$
 (3) $y = \dfrac{\sqrt{1-x^2}}{\sin^{-1} x}$ (4) $y = \tan^{-1}\dfrac{x}{3} \sec x^2$ (5) $y = \dfrac{x \tan^{-1} x}{1+x^2}$

3. 次の関数を微分せよ.
 (1) $y = \sin^{-1} \sin^2 x$ (2) $y = \sin^{-1}\dfrac{1}{2}\left(\sqrt{x} - \dfrac{1}{\sqrt{x}}\right)$
 (3) $y = \tan^{-1}\dfrac{1}{\sin x}$ (4) $y = \left(x^3 \sin^{-1}\dfrac{x}{\sqrt{5}}\right)^2$

4. 次の関数の逆関数の導関数を求めよ.
 (1) $y = \tan^{-1}(2x+3) - 2$ (2) $y = \sin^{-1} \tan x$
 (3) $y = \sqrt[3]{\sin^{-1} x} + 2$ (4) $y = \dfrac{1 + \sin^{-1} x}{1 - \sin^{-1} x}$

5.* 次の極限値を求めよ．

(1) $\displaystyle\lim_{x\to 0}\frac{\sin^{-1}x}{x}$ (2) $\displaystyle\lim_{x\to 0}\frac{\tan^{-1}2x}{3x}$ (3) $\displaystyle\lim_{x\to 0}\frac{\sin(2\tan^{-1}x)}{x}$

6.* 次の等式を証明せよ．

(1) $\cos(\tan^{-1}x)=\dfrac{1}{\sqrt{1+x^2}}$ (2) $\sin^{-1}\dfrac{x}{\sqrt{1+x^2}}=\tan^{-1}x$

(3) $\cos(\sin^{-1}x)=\sqrt{1-x^2}$ (4) $\tan(2\tan^{-1}x)=\dfrac{2x}{1-x^2}$

§5. 指数関数・対数関数

演習問題 A

1. 次の極限値を求めよ．

(1) $\displaystyle\lim_{x\to\infty}\left(1+\frac{1}{x}\right)^{3x}$ (2) $\displaystyle\lim_{x\to 0}(1-x)^{\frac{1}{x}}$ (3) $\displaystyle\lim_{x\to-\infty}\left(1-\frac{1}{x}\right)^{\frac{x}{2}}$

2. 次の関数を微分せよ．

(1) $\log(2x-5)$ (2) $\log x^3$ (3) $\log(x+2)^{\frac{2}{3}}$

(4) $\log\sqrt[4]{x+5}$ (5) $\log(x+1)(x-2)$ (6) $\log\dfrac{x}{(x+3)^2}$

3. 次の関数を微分せよ．

(1) $y=5x^2-\log 7x$ (2) $y=(\sin 2x)\log(x-2)$

(3) $y=2\sqrt{x^3}\log x$ (4) $y=\dfrac{\log x}{x+1}$

(5) $y=\dfrac{1+\log x}{1-\log x}$ (6) $y=\dfrac{\log x}{\sin^{-1}x}$

4. 次の関数を微分せよ．

(1) $y=(1+\log x)^2$ (2) $y=\log(x^3-3x+5)$

(3) $y=\log\sin^2 x$ (4) $y=\log\log x$ (5) $y=\log(x+\sqrt{x^2+1})$

5. 次の関数を微分せよ．

(1) $\log|3x|$ (2) $\log|x^2-2x|$ (3) $\log\left|\dfrac{2x+3}{x-8}\right|$

(4) $\log_3(x+3)$ (5) $\log_2 x^8$ (6) $\log_3 x(x+5)$

6. 次の関数を微分せよ．

(1) $y = (x^2 - x + 1)e^{3x}$ (2) $y = (\sin 2x + \cos 2x)e^{-2x}$

(3) $y = e^{2x}\sin^{-1}\dfrac{x}{2}$ (4) $y = \dfrac{1}{e^x + e^{-x}}$ (5) $y = \dfrac{e^{3x}}{\sin 2x}$

(6) $y = 3^x + 3^{-x}$ (7) $y = 2^x \tan x$ (8) $y = (\sqrt{x} + x)2^{-x}$

7. 次の関数を微分せよ．

(1) $y = (x^2 e^x + 3x)^2$ (2) $y = (e^x \log x)^2$ (3) $y = e^{\sin(x+1)}$

(4) $y = e^{\tan^{-1}x}$ (5) $y = \tan^{-1} 2e^x$ (6) $y = \log(e^{2x} + e^{-2x})$

8. 対数微分法を用いて，次の関数を微分せよ．

(1) $y = x^{\sin 3x}$ (2) $y = x^{\sec x}$

(3) $y = \dfrac{(x-5)^4}{(x-7)^5}$ (4) $y = \dfrac{(x-2)^3}{(x-1)^3(x+2)^4}$

9. (1) $x = e^h - 1$ とおいて，$\displaystyle\lim_{h \to 0}\dfrac{e^h - 1}{h} = 1$ を証明せよ．

(2) 前問を用いて次の公式 ① を証明し，極限値 ②，③ を求めよ．

① $(e^x)' = e^x$ ② $\displaystyle\lim_{h \to 0}\dfrac{e^{2h} - 1}{3h}$ ③ $\displaystyle\lim_{h \to 0}\dfrac{e^h - 1}{\sin h}$

演習問題 B

1. 次の極限値を求めよ．ただし，a は正の定数である．

(1) $\displaystyle\lim_{x \to \infty}(1 + e^{-x})^{e^x}$ (2) $\displaystyle\lim_{x \to 1}(1 + \log x)^{\frac{1}{\log x}}$

(3) $\displaystyle\lim_{x \to 0}(1 + ax)^{\frac{1}{x}}$ (4) $\displaystyle\lim_{x \to -\infty}\left(1 + \dfrac{1}{x}\right)^{\frac{x}{a}}$

2. 次の関数を微分せよ．

(1) $y = \log x^2\sqrt{x^2 - 4}$ (2) $y = \log(2x+1)(x+3)^2(x-4)$

(3) $y = \log\sqrt{\dfrac{x-2}{(x+2)(x+5)}}$ (4) $y = \log\dfrac{x^3}{(x+1)\sqrt{x-2}}$

3. 次の関数を微分せよ．

(1) $y = (x^2 + x^{-3})e^{-2x} + \tan^2 3x$ (2) $y = \sqrt[3]{x^2}\log\sqrt{x^3} - \cos 6x$

(3) $y = \sec 3x\left(\sin^{-1}\dfrac{x}{\sqrt{2}}\right)\log x$ (4) $y = \dfrac{e^{2x} + e^{-2x}}{e^x + e^{-x}}$

§5. 指数関数・対数関数

4. 次の関数を微分せよ．

(1) $y = \log_2 \sqrt{\dfrac{3x+2}{x+5}}$ (2) $y = \dfrac{2^x + 2^{-x}}{1 + 2^x}$ (3) $y = \dfrac{\log_3 x}{3^x}$

5. 次の関数を微分せよ．

(1) $y = (\log x + 3)^2 (2\log x - 3)$ (2) $y = (x e^x + e^{-x})^4$

(3) $y = e^{x \log x}$ (4) $y = \log\log(x^2 + 4)$ (5) $y = \log\dfrac{1 - \tan^{-1} x}{1 + \tan^{-1} x}$

6. 次の関数を微分せよ．

(1) $y = a^{xe^x}$ (2) $y = (\log x)^{ax}$ (3) $y = (\tan x)^x$

(4) $y = (\log_5 x)^x$ (5) $y = \sqrt{\dfrac{(x+2)^2}{x(x-4)^4}}$ (6) $y = \dfrac{(x+1)^4}{x\sqrt[5]{(2x-1)^4}}$

7. 双曲線関数 $\sinh x = \dfrac{e^x - e^{-x}}{2}$, $\cosh x = \dfrac{e^x + e^{-x}}{2}$ について，次の等式を証明せよ．

(1) $\sinh(-x) = -\sinh x$, $\cosh(-x) = \cosh x$, $\cosh^2 x - \sinh^2 x = 1$

(2) $(\sinh x)' = \cosh x$ (3) $(\cosh x)' = \sinh x$

2. 微分の応用

§1. 微分の応用

演習問題 A

1. 次の曲線上の点 P における接線の方程式を求めよ．
  (1) $y = x^2 - 4x$ P(3, -3)   (2) $y = x^3 + 3x^2 + x$ P(-2, 2)
  (3) $y = 2\log x$ P(e, 2)   (4) $y = \tan 3x$ P$\left(\dfrac{\pi}{18}, \dfrac{1}{\sqrt{3}}\right)$

2. 曲線 $y = x^3 - \dfrac{9}{2}x^2 + 6x + 1$ の接線で，次の条件をみたすものを求めよ．
  (1) 傾きが 6 である   (2) x 軸に平行である

3. 次の曲線の接線で点 A を通るものを求めよ．
  (1) $y = 2x^2 - 5x + 18$ A(0, 0)   (2) $y = 2x^2 + 1$ A(1, -5)
  (3) $y = \log x$ A(0, -2)   (4) $y = \dfrac{4}{x}$ A(1, 3)

4. 次の曲線上の点 P における法線の方程式を求めよ．
  (1) $y = x^3 - 2x$ P(1, -1)   (2) $y = e^{2x}$ P(0, 1)

5. 次の媒介変数表示について，$\dfrac{dy}{dx}$ を t の関数として求めよ．

  (1) $\begin{cases} x = 2t + 1 \\ y = 2t - t^2 \end{cases}$ (2) $\begin{cases} x = t + \dfrac{1}{t} \\ y = t - \dfrac{1}{t} \end{cases}$ (3) $\begin{cases} x = \cos 2t - 1 \\ y = 2\sin t \end{cases}$

6. 次の媒介変数表示の曲線について，媒介変数 t が ( ) 内の値のとき，その点における接線の方程式を求めよ．

  (1) $\begin{cases} x = t^2 - t \\ y = t^3 - t^2 \end{cases}$ $(t = 2)$ (2) $\begin{cases} x = 4\sin t \\ y = 2(1 - \cos t) \end{cases}$ $\left(t = -\dfrac{\pi}{3}\right)$

7. 次の曲線の媒介変数表示を ( ) 内の等式を利用して求めよ．また，$\dfrac{dy}{dx}$ を媒介変数 θ を用いて表せ．

(1) $x^2 + 4(y-2)^2 = 16$ ($\sin^2\theta + \cos^2\theta = 1$)
(2) $x^2 - 9y^2 = 9$ ($1 + \tan^2\theta = \sec^2\theta$)

8. 次の方程式で表される関数 y の導関数 y' を x と y で表せ.
(1) $xy - y^3 = 2$ (2) $y^2 \sin x + \sin y = 0$ (3) $\tan^{-1} y - \sin^{-1} x = 1$

9. 次の方程式で表される曲線上の点 P における接線の方程式を求めよ.
(1) $y^2 = 2x$ P$(2, -2)$ (2) $2x^2 + 9y^2 = 54$ P$(3, -2)$
(3) $x^2 + y^3 = 1$ P$(3, -2)$ (4) $\sin x + \cos y = \sqrt{3}$ P$\left(\dfrac{\pi}{3}, \dfrac{\pi}{6}\right)$

演習問題 B

1. (1) 曲線 $y = x^3 + 2x^2 + x + 3$ の接線で傾きが 5 であるものを求めよ.
(2) 曲線 $y = 2x^3 + x + 1$ の接線で点 $(1, 2)$ を通るものを求めよ.

2.* 次の 2 つの曲線に共通な接線の方程式を求めよ.
(1) $y = x^2$, $y = 4x^2 - 12x$ (2) $y^2 = 8x$, $xy = 1$

3.* 曲線 $y = ax^2$ ($a > 0$) と $xy = 1$ の交点におけるそれぞれの接線と x 軸で囲まれる三角形の面積は一定であることを証明せよ.

4. 曲線 $y = x^3$ 上の点 P における接線がこの曲線に再び点 Q で交わり, 線分 PQ の長さが $3\sqrt{10}$ のとき点 P の座標を求めよ.

5. アステロイド $x^{\frac{2}{3}} + y^{\frac{2}{3}} = a^{\frac{2}{3}}$ ($a > 0$) は図のような曲線である.
(1) $x = a\cos^3 t$, $y = a\sin^3 t$ は媒介変数表示であることを確かめよ.
(2) $\dfrac{dy}{dx}$ を t で表せ.
(3) 曲線の接線が両座標軸で切り取られる部分の長さは一定であることを証明せよ.

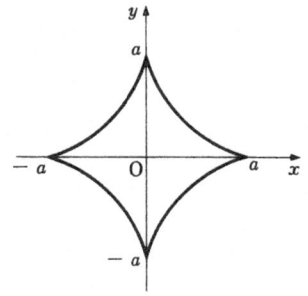

6. 次の関係式について, y' を x と y で表せ.
(1) $y^2(x + 3) = x(x - 1)(x - 2)$
(2) $(\sqrt{x} + \sqrt{y})(x - y) = 2$

7. 2 つの双曲線 $x^2 - y^2 = a$, $xy = b$ の交点における両曲線の接線は直交することを証明せよ.

§2. 関数の増減

演習問題 A

1. 関数 $f(x) = x^2 + px + q$ について，次の等式をみたす θ の値を求めよ．
$$f(a+h) = f(a) + f'(a+\theta h)h \qquad (0 < \theta < 1)$$

2. 次の関数の微分 dy を求めよ．
   (1) $y = x^2 + 1$ (2) $y = \cos^3 x$ (3) $y = \tan^{-1} 2x$
   (4) $y = \sqrt{x} \log x$ (5) $y = \dfrac{x-2}{x+1}$ (6) $y = e^{2x} \sin x$

3. $|h|$ が十分小さいとき，次の近似式を導け．
   (1) $e^h \fallingdotseq 1 + h$ (2) $\dfrac{1}{\sqrt{1+h}} \fallingdotseq 1 - \dfrac{h}{2}$ (3) $\sin^{-1} h \fallingdotseq h$

4. 次の近似値を小数第2位まで求めよ．
   (1) $\sqrt{4.08}$ (2) $\sqrt[3]{7.88}$ (3) $\sqrt[3]{(8.06)^2}$

5. 次の関数は常に増加あるいは減少することを示せ．
   (1) $y = 1 - x^3 - 3x^2 - 15x$ (2) $y = e^x - e^{-x}$
   (3) $y = \log_3(1 + e^x)$

6. 次の関数の増減を調べよ．
   (1) $y = x^3 - 5x^2 + 3x + 2$ (2) $y = x^4 + 2x^3 + x^2 - 3$
   (3) $y = x \log x$ (4) $y = x^2 e^x$

7. 関数 $f(x) = x - \cos x$ について，次の問に答えよ．
   (1) 不等式 $f'(x) \geqq 0$ をみたすことを示せ．
   (2) 方程式 $f(x) = 0$ はただ1つの解をもつことを示せ．

8. 次の不等式を証明せよ．ただし，$x > 0$ とする．
   (1) $\sqrt{1+x} < 1 + \dfrac{x}{2}$ (2) $e^{x^3} > 1 + x^3$

演習問題 B

1. 次の関数の増減を調べよ．
   (1) $y = \dfrac{\log x}{x^2}$ (2) $y = \dfrac{x^3}{x^2 - 4}$ (3) $y = \dfrac{x}{\sqrt[3]{(x-1)^2}}$

2.* 微分可能な関数 $f(x)$ に対して，方程式 $f(x)=0$ は異なる実数解 α, β をもつとする．方程式 $f'(x)=0$ は α と β の間に少なくとも1つの実数解をもつことを示せ．

3.* 関数 $f(x)=x^3$ について，次の関係式をみたす θ の極限 $\lim_{h\to 0}\theta$ を求めよ．
$$f(a+h)=f(a)+f'(a+\theta h)h \qquad (a\neq 0, \quad 0<\theta<1)$$

4.* $\lim_{x\to\infty}f'(x)=a$ のとき，等式 $\lim_{x\to\infty}\{f(x+3)-f(x)\}=3a$ を証明せよ．

5. 関数 $\sin\left(x+\dfrac{\pi}{6}\right)$ について，$|x|$ は十分小さいとする．

　（1）　この関数の近似式 $ax+b$ を求めよ．

　（2）　前問を用い，$\sin 29°$ の近似値を小数第3位まで求めよ．

6. $0<x<\dfrac{1}{2}$ に対して，次の不等式が成り立つことを示せ．
$$\log\frac{1+x}{1-x} < 2x + \frac{2}{3}x^3 + \frac{8}{15}x^5$$

§3. 極値・凹凸

演習問題 A

1. 次の関数の増減を調べ，その極値を求めよ．
　（1）　$y=x^3-2x^2-4x-1$ 　　　（2）　$y=2x^4-4x^2+5$
　（3）　$y=2\sin x-x \quad (0\leq x\leq 2\pi)$ 　（4）　$y=\sqrt{x(1-x)}$
　（5）　$y=x^3 e^x$ 　　　　　　　　　　（6）　$y=x^2-\log x$

2. 次の関数が極値をもつように a の値の範囲を定めよ．
　（1）　$y=x^3+ax^2+6x-3$ 　　　（2）　$y=ax-\sin 3x$

3. 次の関数の第2次導関数を求めよ．
　（1）　$y=x^5-2x^3+x^2$ 　（2）　$y=\sqrt[3]{x}-\dfrac{1}{\sqrt[4]{x}}$ 　（3）　$y=e^{2x}\log x$

4. 第2次導関数を利用して，次の関数の極値を求めよ．
　（1）　$y=x^3-2x^2+x+2$ 　（2）　$y=3x^4-6x^2+2$
　（3）　$y=x+\dfrac{4}{x}$ 　　　　（4）　$y=e^x(\sin x+\cos x) \quad (0\leq x\leq 2\pi)$

5. 次の関数の区間 I における最大値，最小値を求めよ．

(1)　$y = 2x^3 - 9x^2 + 12x + 3$　　$I = [1, 3]$

(2)　$y = \dfrac{\sqrt{x}}{x+1}$　　$I = [0, 4]$　　(3)　$y = \sin 2x - x$　　$I = [0, \dfrac{\pi}{2}]$

(4)　$y = \dfrac{1}{4}x + \dfrac{4}{\sqrt{x}}$　　$I = [1, 9]$　　(5)　$y = \dfrac{\log x}{x}$　　$I = [1, 3]$

6. 縦 25 cm，横 40 cm の長方形のボール紙の 4 すみから，1 辺 x cm の正方形を切り取った残りでふたのない直方体の容器を作る．最大容積とそのときの x の値を求めよ．

7. 次の曲線の変曲点を求めよ．

(1)　$y = x^4 - 6x^3 + 12x^2 - 4x - 5$　　(2)　$y = 2e^{\frac{1}{x}}$

(3)　$y = x^2 - \cos 2x$　　$(0 \leq x \leq \pi)$　　(4)　$y = \sin^{-1} x$

8. 次の曲線の概形をかけ．

(1)　$y = x^3 - x^2 - x + 1$　　(2)　$y = x^4 - x^2 - 2$

(3)　$y = \dfrac{1}{1+x^2}$　　(4)　$y = \dfrac{3-x^2}{x-2}$

演習問題 B

1. 次の関数の極値を求めよ．

(1)　$y = (x+1)^3(x-3)$　　(2)　$y = \dfrac{x^2+x+1}{x+1}$

(3)　$y = \dfrac{x}{\sqrt[3]{x-1}}$　　(4)　$y = x^2(1 - \log x)$

(5)　$y = x^3 - 6\log(x+1)$

(6)　$y = \sin x(1 + \cos x)$　　$(0 \leq x \leq 2\pi)$

2. 関数 $y = x(x-a)^2$ $(a \neq 0)$ が極大になるグラフ上の点 P の座標を a で表せ．また，a が変化するとき，点 P の軌跡を図示せよ．

3. 関数 $y = 2x^3 - 3(a-1)x^2 + 6(a-2)x - 4$ のグラフが x 軸の正の部分に接し，その接点で y が極小になるように定数 a の値を定めよ．

4. 次の関数の最大値，最小値を求めよ．
 (1) $y = 4x + 3x^2 - 2x^3 - x^4$　　$(-1 \leq x \leq 2)$
 (2) $y = x + \sqrt{6x - 7 - x^2}$　　(3) $y = 2\sin x - \sin 2x$

5.* 一定の表面積をもつ直円柱で体積が最大なものはどんな形か．

6. 側面はブリキを用い，底面は銅を用いてふたのない直円柱のなべを作る．銅の価格はブリキの価格の6倍である．材料費は一定として，なべの容積を最大にするにはどんな形にすればよいか．

7. ある品物1個の原価は70円で，売価を100円にすると1日180個売れる．x円値上げすると，1日に売れる個数は$\frac{3}{25}x^2$減るという．利益を最大にする売価と利益を求めよ．ただし，値上げは10円単位とする．

8. 次の関数のグラフの概形をかけ．
 (1) $y = \dfrac{x^3}{x^2 - 1}$　　(2) $y = \dfrac{x-1}{x+1} + \dfrac{x+1}{x-1}$

9.* 次の方程式の実数解の個数はkの値によってどのように変化するか．
 (1) $x^3 - 3kx + 1 = 0$　　(2) $kx^4 - x^3 + 3k = 0$

§4. 高次導関数

演習問題 A

1. 次の関数の第3次導関数を求めよ．
 (1) $y = (x-3)^5$　　(2) $y = \cos 3x$　　(3) $y = \sqrt[3]{(3x+1)^2}$
 (4) $y = \sqrt{x} + e^{3x}$　　(5) $y = \dfrac{2x+1}{x-1}$　　(6) $y = x^5 \log x$

2. 関数 $f(x) = (ax + b)\cos cx$ について，次の問に答よ．
 (1) $f(x)$の第3次導関数まで求めよ．
 (2) $f'(0) = -2$，$f''(0) = 3$，$f'''(0) = 6$ をみたすように a, b, c を定めよ．

3. 次の関数の第n次導関数を求めよ．
 (1) $y = e^{-x}$　　(2) $y = \cos 2x$　　(3) $y = \log(1-x)$

4. 次の関数の第 n 次導関数を求めよ.
  (1) $y = x^2 e^{-3x}$　　(2) $y = x^2 \sin 2x$　　(3) $y = x^2 \log x$

5. 次のことを証明せよ.
  (1) $y = x e^{-x}$ ならば, $y''' + 3y'' + 3y' + y = 0$
  (2) $y = x \sin x$ ならば, $y^{(4)} + 2y'' + y = 0$

演習問題 B

1. 次の関数の第 3 次導関数を求めよ.
  (1) $y = \sec 2x$　　(2) $y = \cos^3 2x$　　(3) $y = \sqrt{1 + \sin x}$
  (4) $y = (x^2 + 1)\tan^{-1} x$　(5) $y = x \tan x$　　(6) $y = e^{3x} \sin x$

2. 次の関数の第 n 次導関数を求めよ.
  (1) $y = \dfrac{x-1}{x+1}$　　(2) $y = \log \dfrac{x+3}{x-2}$　　(3) $y = \dfrac{1}{1-x^2}$

3.* 次の関数の第 n 次導関数を求めよ.
  (1) $y = e^x \sin x$　　　　(2) $y = \dfrac{\sin x}{x}$

4. 関数 $f(x) = \dfrac{1}{x^2 + 1}$ について, 次の問に答えよ.
  (1) 関係式 $(x^2 + 1)f(x) = 1$ の両辺を n 回微分して次の等式を証明せよ.
   $(x^2 + 1)f^{(n)}(x) + 2nx f^{(n-1)}(x) + n(n-1)f^{(n-2)}(x) = 0$　　$(n \geq 2)$
  (2) 微分係数 $f^{(n)}(0)$ の値を求めよ.

5. 関数 $f(x) = x^{n-1}$, $g(x) = \log x$ について $F(x) = f(x)g(x)$ とおく. 次の等式を証明せよ.
  (1) $f^{(n-r)}(x) g^{(r)}(x) = (-1)^{r-1} \dfrac{(n-1)!}{x}$　　$(r = 1, 2, \cdots, n-1)$
  (2)* $F^{(n)}(x) = \sum\limits_{r=1}^{n}(-1)^{r-1} {}_nC_r \dfrac{(n-1)!}{x} = \dfrac{(n-1)!}{x}$

3. 不定積分

§1. 基本的な不定積分

演習問題 A

1. 次の不定積分を求めよ．

(1) $\displaystyle\int\left(\frac{3}{x}+\sqrt{x}\right)dx$ 　　(2) $\displaystyle\int\left(\sqrt[4]{x^3}+x^{-2}\right)dx$

(3) $\displaystyle\int\left(\frac{1}{\sqrt{x}}-\frac{2}{x^3}\right)dx$ 　　(4) $\displaystyle\int\left(\sqrt[4]{x}+x^{\frac{3}{2}}\right)dx$

(5) $\displaystyle\int\left(\frac{1}{\sqrt[3]{x^2}}-x^{-\frac{1}{3}}\right)dx$ 　　(6) $\displaystyle\int\left(\frac{2}{\sqrt[3]{x}}-\frac{1}{x^4}\right)dx$

2. $\displaystyle\int f(x)\,dx=F(x)$ のとき，$\displaystyle\int f(ax+b)\,dx=\frac{1}{a}F(ax+b)$ 　$(a\neq 0)$
を用いて，次の不定積分を求めよ．

(1) $\displaystyle\int(3x-2)^2\,dx$ 　(2) $\displaystyle\int(1-4x)^3\,dx$ 　(3) $\displaystyle\int\left(\frac{2}{3}x+1\right)^2 dx$

3. 次の不定積分を求めよ．

(1) $\displaystyle\int\frac{dx}{x+2}$ 　(2) $\displaystyle\int\frac{dx}{7-3x}$ 　(3) $\displaystyle\int\sqrt[3]{x+5}\,dx$

(4) $\displaystyle\int\frac{dx}{\sqrt[4]{x-2}}$ 　(5) $\displaystyle\int\frac{dx}{(2x-5)^2}$ 　(6) $\displaystyle\int\sqrt[3]{(5-3x)^2}\,dx$

4. 次の不定積分を求めよ．

(1) $\displaystyle\int\left(x+\frac{1}{x}\right)^2 dx$ 　(2) $\displaystyle\int(x-\sqrt{x})^2\,dx$ 　(3) $\displaystyle\int\left(\sqrt[3]{x}+\frac{1}{\sqrt[3]{x}}\right)^2 dx$

(4) $\displaystyle\int\frac{x^3-2x^2}{x^5}\,dx$ 　(5) $\displaystyle\int\frac{x^2+\sqrt{x^3}}{\sqrt{x}}\,dx$ 　(6) $\displaystyle\int\frac{\sqrt[3]{x}+\sqrt{x}}{x}\,dx$

5. 次の不定積分を求めよ．

(1) $\displaystyle\int(e^{3x}+2\cos x)\,dx$ 　　(2) $\displaystyle\int\left(\frac{1}{e^x}-e^{-2x}\right)dx$

(3) $\displaystyle\int(e^{-4x}+3^x)\,dx$ 　　(4) $\displaystyle\int\cos(3x+5)\,dx$

(5) $\displaystyle\int\sin\left(\frac{x}{2}-9\right)dx$ 　　(6) $\displaystyle\int(\sec^2 3x-\sin 2x)\,dx$

(7) $\displaystyle\int \frac{e^{4x}-e^x}{e^{2x}}\,dx$ (8) $\displaystyle\int \tan^2(x+1)\,dx$

6. 次の不定積分を求めよ．

(1) $\displaystyle\int \frac{dx}{1+5x^2}$ (2) $\displaystyle\int \frac{dx}{2+x^2}$

(3) $\displaystyle\int \frac{dx}{\sqrt{1-4x^2}}$ (4) $\displaystyle\int \frac{dx}{\sqrt{16-x^2}}$

7. 次の不定積分を求めよ．ただし，$a>0$ とする．

(1) $\displaystyle\int \sec^2 \frac{x}{a}\,dx$ (2) $\displaystyle\int \frac{dx}{1+a^2x^2}$ (3) $\displaystyle\int \frac{dx}{\sqrt{1-a^2x^2}}$

演習問題 B

1. 次の関数の不定積分を求めよ．

(1) $\left(\sqrt{x}-\dfrac{1}{x}\right)^3$ (2) $\dfrac{x^3+1}{\sqrt{x^3}+\sqrt{x}}$ (3) $\dfrac{x+1}{\sqrt[3]{x}+1}$

(4) $(e^{2x}+e^{3x})^3$ (5) $\dfrac{e^{3x}-1}{e^x-1}$ (6) $(2^x+2^{-x})^3$

2.* 次の関数の不定積分を求めよ．

(1) $\dfrac{1}{\sqrt{x+4}+\sqrt{x}}$ (2) $\dfrac{3x}{\sqrt{3+x}-\sqrt{3-x}}$

(3) $\dfrac{1}{\sqrt{5+2x}+\sqrt{3+2x}}$ (4) $\dfrac{x^6-1}{\sqrt{x^3-1}}$ (5) $\dfrac{x+1}{\sqrt[3]{x^2}+x}$

3. 次の関数の不定積分を求めよ．

(1) $\dfrac{1+\cos^3 x}{\cos^2 x}$ (2) $\dfrac{1-\cot^2 x}{\cos^2 x}$ (3) $\dfrac{\cos^2 x}{1+\sin x}$

(4) $\dfrac{1+2\sin^2 x}{\cos^2 x}$ (5) $(\tan x - \cot x)^2$ (6) $\dfrac{1-\tan^2 x}{1+\tan^2 x}$

4.* 次の関数の不定積分を求めよ．

(1) $\dfrac{x^2-1}{3+x-3x^2-x^3}$ (2) $\dfrac{3-x^2}{6+x^2-x^4}$

(3) $\dfrac{\sqrt{3x-2}}{\sqrt{2x^2+12x-8-3x^3}}$

§2. 置換積分・部分積分

演習問題 A

1. 次の不定積分を求めよ．

(1) $\displaystyle\int\left(\frac{x}{3}+8\right)^3 dx$ 　(2) $\displaystyle\int \sec^2\frac{4-3x}{5} dx$ 　(3) $\displaystyle\int \frac{dx}{\sqrt{8x+7}}$

(4) $\displaystyle\int x(2x+1)^3 dx$ 　(5) $\displaystyle\int x(1-x)^4 dx$ 　(6) $\displaystyle\int \frac{x}{(x+1)^2} dx$

(7) $\displaystyle\int \frac{x}{\sqrt{5-x}} dx$ 　(8) $\displaystyle\int \frac{e^x}{4+e^{2x}} dx$ 　(9) $\displaystyle\int \frac{dx}{x(\log x)^2}$

2. 公式 $\displaystyle\int \frac{f'(x)}{f(x)} dx = \log|f(x)|$ を用いて，次の不定積分を求めよ．

(1) $\displaystyle\int \frac{x^2}{x^3+2} dx$ 　(2) $\displaystyle\int \frac{e^{3x}}{e^{3x}+1} dx$ 　(3) $\displaystyle\int \cot 2x\, dx$

(4) $\displaystyle\int \frac{\sec^2 x}{\tan x} dx$ 　(5) $\displaystyle\int \frac{e^x - e^{-x}}{e^x + e^{-x}} dx$ 　(6) $\displaystyle\int \frac{dx}{\sqrt{x}(\sqrt{x}+1)}$

3. 公式 $\displaystyle\int \{f(x)\}^\alpha f'(x)\, dx = \frac{1}{\alpha+1}\{f(x)\}^{\alpha+1}$ $(\alpha \neq -1)$ を用いて，次の不定積分を求めよ．

(1) $\displaystyle\int (2x+5)(x^2+5x)^2 dx$ 　(2) $\displaystyle\int \frac{x}{(5+3x^2)^2} dx$

(3) $\displaystyle\int e^x(e^x+4)^4 dx$ 　(4) $\displaystyle\int \frac{x}{\sqrt{x^2+7}} dx$

(5) $\displaystyle\int \cos 2x \sin^4 2x\, dx$ 　(6) $\displaystyle\int \frac{\log x}{x} dx$

4. 次の不定積分を求めよ．

(1) $\displaystyle\int \frac{x}{\sqrt[3]{x+2}} dx$ 　(2) $\displaystyle\int x\sqrt[4]{x-5}\, dx$ 　(3) $\displaystyle\int x\sqrt[3]{(x-2)^2}\, dx$

5. 部分積分法を用いて，次の不定積分を求めよ．

(1) $\displaystyle\int x e^{-x} dx$ 　(2) $\displaystyle\int (3x+7)e^{2x} dx$ 　(3) $\displaystyle\int (5-4x)\cos x\, dx$

(4) $\displaystyle\int 3x \sin\frac{x}{2} dx$ 　(5) $\displaystyle\int (x+1)\log x\, dx$ 　(6) $\displaystyle\int \sqrt{x}\log x\, dx$

6. 次の不定積分を求めよ．

(1) $\displaystyle\int (x^2+2x)e^x dx$ 　(2) $\displaystyle\int (x^2-3)\sin 2x\, dx$ 　(3) $\displaystyle\int x^2 \cos(1-2x)\, dx$

7. 次の不定積分を求めよ．

(1) $\int \tan^{-1}\dfrac{x}{3}\,dx$ (2) $\int \sin^{-1} 2x\,dx$ (3) $\int \sin\log x\,dx$

8. 次の不定積分を求めよ．

(1) $\int e^{-x}\cos 3x\,dx$ (2) $\int e^x \sin\dfrac{x}{2}\,dx$ (3) $\int e^{2x}\cos(1-x)\,dx$

9. $I_n = \int x^n \cos x\,dx$ とする．次の漸化式を証明せよ．

$$I_n = x^n \sin x + nx^{n-1}\cos x - n(n-1)I_{n-2} \qquad (n \geq 2)$$

演習問題 B

1. 次の関数の不定積分を求めよ．

(1) $x^2(x+1)^5$ (2) $x^2\sqrt{x+3}$ (3) $\dfrac{x^2}{\sqrt{x+1}}$

2. 次の関数の不定積分を求めよ．

(1) $\sqrt{\sin x}\,\cos^3 x$ (2) $\dfrac{(1+\sin x)\cos x}{\sin^2 x}$ (3) $\dfrac{\log x}{x(1+\log x)}$

(4) $\dfrac{\sin^{-1} 2x}{\sqrt{1-4x^2}}$ (5) $\dfrac{\sec^2 x}{3+\sec^2 x}$ (6) $\sqrt{\dfrac{e^x}{5-e^x}}$

3. 次の関数の不定積分を求めよ．

(1) $(\cos x)\log\sin x$ (2) $(1+5x^4)\tan^{-1} x^2$

(3) $\dfrac{\log\log x}{x}$ (4) $x\tan^{-1} x$

(5) $\dfrac{\log(2x+1)}{\sqrt[3]{2x+1}}$ (6) $\left(\dfrac{1}{2\sqrt{x}}-\dfrac{3}{2}\sqrt{x}\right)\log(1+\sqrt{x})$

4. 次の関数の不定積分を求めよ．

(1) $\sqrt[3]{x+1}\,\log(x+1)$ (2) $\log(x+\sqrt{x^2+1})$ (3) $x\sec^2 2x$

(4) $\dfrac{\log(x+1)}{(x+1)^2}$ (5) $\dfrac{x}{\sin^2 x}$ (6) $e^x \log(1+e^x)$

5. 次の関数の不定積分を求めよ．

(1) $x^3 e^{2x}$ (2) $(\sin^{-1} x)^2$ (3) $(x\log x)^2$

(4) $3x^2 \sin^{-1} x$ (5) $e^x \sin x \cos x$ (6) $x e^x \sin x$

6.* 次の不定積分 I, J を求めよ.
$$I = \int e^{2x} \sin 3x \, dx, \qquad J = \int e^{2x} \cos 3x \, dx$$

7. 次の漸化式を証明せよ. ただし, $n \geq 2$ とする.
$$I_n = \int (\sin^{-1} x)^n \, dx = x(\sin^{-1} x)^n + n\sqrt{1-x^2}(\sin^{-1} x)^{n-1} - n(n-1)I_{n-2}$$

§3. 三角関数の積分
演習問題 A

1. 次の不定積分を求めよ.

(1) $\displaystyle\int \cos^2 x \, dx$ (2) $\displaystyle\int \sin^2 \frac{x}{3} \, dx$ (3) $\displaystyle\int \sin \frac{x}{2} \cos \frac{x}{2} \, dx$

(4) $\displaystyle\int \cos^2(2-3x) \, dx$ (5) $\displaystyle\int \sin^2 \frac{x-1}{2} \, dx$ (6) $\displaystyle\int \sin^2 x \cos^2 x \, dx$

2. 次の不定積分を求めよ.

(1) $\displaystyle\int \sin 4x \cos 5x \, dx$ (2) $\displaystyle\int \sin 3x \sin 6x \, dx$

(3) $\displaystyle\int \cos(3x-2) \cos(2x+3) \, dx$

3. 次の不定積分を求めよ.

(1) $\displaystyle\int \sin^3 3x \, dx$ (2) $\displaystyle\int \frac{\sin x \cos^2 x}{1 + \sin x} \, dx$ (3) $\displaystyle\int \frac{\sin^4 x}{1 - \cos x} \, dx$

4. 置換積分法を用いて, 次の不定積分を求めよ.

(1) $\displaystyle\int \sin^3 \frac{x}{2} \cos \frac{x}{2} \, dx$ (2) $\displaystyle\int \frac{\cos x}{1 + \sin x} \, dx$ (3) $\displaystyle\int \frac{\sin x}{1 + \cos^2 x} \, dx$

(4) $\displaystyle\int \cos^3 \frac{x}{3} \sin^2 \frac{x}{3} \, dx$ (5) $\displaystyle\int \frac{\tan 4x}{\cos 4x} \, dx$ (6) $\displaystyle\int \frac{1 + \sec^2 x}{\tan x} \, dx$

5. 置換 $t = \tan \dfrac{x}{2}$ を用いて, 次の不定積分を求めよ.

(1) $\displaystyle\int \frac{dx}{\sin x}$ (2) $\displaystyle\int \frac{dx}{1 - \cos x}$ (3) $\displaystyle\int \frac{dx}{3 + \cos x}$

6. 次の不定積分を求めよ.

(1) $\displaystyle\int (\sin x - 2 \cos x)^2 \, dx$ (2) $\displaystyle\int x \sin^2 x \, dx$

(3) $\displaystyle\int x\cos^2\frac{x}{3}\,dx$

7. (1) $t=\tan x$ とする．次の各等式を導け．
$$\sin^2 x=\frac{t^2}{1+t^2},\qquad \cos^2 x=\frac{1}{1+t^2},\qquad dx=\frac{1}{1+t^2}\,dt$$
(2) 次の不定積分を求めよ．
① $\displaystyle\int\frac{dx}{\cos^4 x}$ ② $\displaystyle\int\frac{dx}{\sin^4 x}$ ③ $\displaystyle\int\frac{dx}{1+\cos^2 x}$

演習問題 B

1. 次の関数の不定積分を求めよ．
(1)* $\cos^2 2x\sin 3x$ (2)* $\sin^2 5x\cos 7x$ (3)* $\sin^2 x\cos^2 2x$
(4) $\dfrac{\cos x}{1-\cos x}$ (5) $\sin^4\dfrac{x}{3}$ (6) $\dfrac{\cos^5 x}{1-\sin x}$

2. 次の関数の不定積分を求めよ．
(1) $(x-\sin x)^2$ (2) $(\cos x+2\cos 2x)^2$
(3) $(\sin 2x-2\sin 3x)^2$

3. 3倍角の公式を用いて，次の関数の不定積分を求めよ．
(1) $\sin^3 x$ (2) $\cos^3\dfrac{x}{3}$ (3) $\sin^3(3-2x)$

4. 次の関数の不定積分を求めよ．
(1) $\sin^5 3x$ (2) $\dfrac{\cos^3 x}{1+\sin^2 x}$ (3) $\dfrac{\sin^5 x}{\cos^2 x}$
(4) $\dfrac{\cos^3 x}{\sin^4 x}$ (5)* $\dfrac{\sec x}{2\sin x-3\cos x}$ (6)* $\dfrac{\sin x}{2+\tan^2 x}$

5. 次の関数の不定積分を求めよ．
(1) $\tan^4 x-\tan^2 x$ (2) $\dfrac{1}{1+3\sin^2 x}$ (3) $\dfrac{1}{1-\sin^4 x}$
(4) $\dfrac{1}{7+2\cos x}$ (5) $\dfrac{1}{(1+\cos x)^2}$ (6)* $\dfrac{1}{\sin^3 x}$

6. 次の関数の不定積分を求めよ．
(1) $x^2\sin^2 x$ (2) $e^x\cos^2 x$ (3) $x^2\sin 2x\cos 3x$

7. 次の漸化式を導け．ただし，$n \geq 2$ とする．

(1) $I_n = \int \sin^n x \, dx = -\dfrac{1}{n}\sin^{n-1} x \cos x + \dfrac{n-1}{n} I_{n-2}$,　　$I_0 = x$

(2) $J_n = \int \cos^n x \, dx = \dfrac{1}{n}\cos^{n-1} x \sin x + \dfrac{n-1}{n} J_{n-2}$,　　$J_0 = x$

8. 前問 **7** を用いて，次の関数の不定積分を求めよ．

(1) $\sin^4 x$　　(2) $\cos^5 x$　　(3) $\sin^5 2x$　　(4) $\cos^6 3x$

§4. 有理関数，無理関数の積分
演習問題 A

1. 次の不定積分を求めよ．

(1) $\displaystyle\int \dfrac{3x^2+5}{x+1} dx$　　(2) $\displaystyle\int \dfrac{x^2+3}{x^2+4} dx$　　(3) $\displaystyle\int \dfrac{2x^3+5x}{x^2+2} dx$

(4) $\displaystyle\int \dfrac{4}{x^2-4} dx$　　(5) $\displaystyle\int \dfrac{dx}{x^2-16}$

(6) $\displaystyle\int \dfrac{dx}{(x-2)(x-3)}$　　(7) $\displaystyle\int \dfrac{2x+1}{(x-1)(x+3)} dx$

(8) $\displaystyle\int \dfrac{dx}{x^2-3x-10}$　　(9) $\displaystyle\int \dfrac{x}{2+5x-3x^2} dx$

2. 次の不定積分を求めよ．

(1) $\displaystyle\int \dfrac{x}{(x+2)^2} dx$　　(2) $\displaystyle\int \dfrac{x+1}{(x-3)^2} dx$　　(3) $\displaystyle\int \dfrac{dx}{x(x-3)^2}$

(4) $\displaystyle\int \dfrac{2}{x^2(x+1)} dx$　　(5) $\displaystyle\int \dfrac{x^2+3x+1}{(x+1)(x-1)^2} dx$

3. 次の不定積分を求めよ．

(1) $\displaystyle\int \dfrac{x+2}{x^2+2} dx$　　(2) $\displaystyle\int \dfrac{2x^2-3x}{x^2+1} dx$　　(3) $\displaystyle\int \dfrac{2x-4}{x^2-2x+5} dx$

(4) $\displaystyle\int \dfrac{x^2+3}{x(x^2+4)} dx$　　(5) $\displaystyle\int \dfrac{x-1}{(x+1)(x^2+2x+5)} dx$

4. 次の不定積分を求めよ．次の（　）内の置換を利用せよ．

(1) $\displaystyle\int \dfrac{dx}{\cos x}$　　$(t = \sin x)$　　(2) $\displaystyle\int \dfrac{\sin x}{2-\cos^2 x} dx$　　$(t = \cos x)$

3. 不定積分

5. p.6 不定積分の公式を利用して，次の不定積分を求めよ．

(1) $\displaystyle\int\frac{dx}{\sqrt{x^2-7}}$ (2) $\displaystyle\int\frac{dx}{\sqrt{4x^2+7}}$ (3) $\displaystyle\int\sqrt{x^2-5}\,dx$

(4) $\displaystyle\int\sqrt{2x^2+3}\,dx$ (5) $\displaystyle\int\sqrt{9-x^2}\,dx$ (6) $\displaystyle\int\sqrt{3-x^2}\,dx$

6. 次の不定積分を求めよ．

(1) $\displaystyle\int\frac{dx}{(\sqrt{x}+1)x}$ (2) $\displaystyle\int\frac{dx}{x\sqrt{x+1}}$ (3) $\displaystyle\int\frac{\sqrt{x-2}+1}{x-3}\,dx$

7. 次の不定積分を求めよ．次の（ ）内の置換を利用せよ．

(1) $\displaystyle\int\frac{x^2}{\sqrt{1-x^2}}\,dx$ （$x=\sin t$） (2) $\displaystyle\int\frac{dx}{\sqrt{(1+x^2)^3}}$ （$x=\tan t$）

演習問題 B

1. 次の関数の不定積分を求めよ．

(1) $\displaystyle\frac{x+4}{(x-1)(x-2)(x-3)}$ (2) $\displaystyle\frac{2x+3}{(x+3)(x^2-x-2)}$

(3) $\displaystyle\frac{x^2+9x+12}{(x-3)(x+1)^2}$ (4) $\displaystyle\frac{6x^3-16x^2+1}{(x-2)^2(x^2+1)}$

2.* 次の関数の不定積分を求めよ．

(1) $\displaystyle\frac{1}{(x^2+4)(x^2-4)}$ (2) $\displaystyle\frac{1}{(3x^2+2)(x^2-1)}$

(3) $\displaystyle\frac{x^2+1}{x^4+5x^2+6}$ (4) $\displaystyle\frac{x^2+2}{x^4-7x^2+10}$

3. 次の関数の不定積分を求めよ．次の（ ）内の置換を利用せよ．

(1) $\displaystyle\frac{1}{e^{2x}-2e^x}$ （$t=e^x$） (2) $\displaystyle\frac{1}{4-5\sin x}$ $\left(t=\tan\dfrac{x}{2}\right)$

(3) $\displaystyle\frac{1}{x(1-\log x)^2(2+\log x)}$ （$t=\log x$）

(4) $\displaystyle\frac{1}{\cos^3 x}$ （$t=\sin x$）

4.* 次の関数の不定積分を求めよ．

(1) $\displaystyle\frac{1}{\sin^2 x-\cos^2 x}$ (2) $\displaystyle\frac{\cos^2 x}{1+\sin^2 x}$ (3) $\displaystyle\frac{\cos^2 x}{4-\cos^2 x}$

§4. 有理関数，無理関数の積分

5. 次の関数の不定積分を求めよ．

(1) $\dfrac{1}{\sqrt{1+4x-4x^2}}$ (2) $\dfrac{1}{\sqrt{2-6x-9x^2}}$

(3) $\dfrac{1}{\sqrt{4x^2-12x+11}}$ (4) $\sqrt{x^2+4x+3}$ (5) $\sqrt{2+2x-x^2}$

6. 次の関数の不定積分を求めよ．次の（ ）内の置換を利用せよ．

(1) $\dfrac{1}{\sqrt{e^x+2}}$ ($t=\sqrt{e^x+2}$) (2) $\dfrac{\sqrt[4]{x}}{1+\sqrt{x}}$ ($t=\sqrt[4]{x}$)

(3) $\dfrac{\sqrt{x+2}}{x(x+1)}$ ($t=\sqrt{x+2}$) (4) $\dfrac{\sqrt{x-1}}{x\sqrt{x+1}}$ $\left(t=\sqrt{\dfrac{x-1}{x+1}}\right)$

7. 次の関数の不定積分を求めよ．

(1) $\dfrac{x^2}{\sqrt{2-x^2}}$ (2) $\dfrac{1}{(1-x)\sqrt{1-x^2}}$

(3) $\dfrac{1}{\sqrt{(4+x^2)^3}}$ (4) $\dfrac{1}{\sqrt{(x^2-4)^3}}$

4. 定積分

§1. 定積分

演習問題 A

1. 次の関数を微分せよ．

(1) $F(x) = \int_a^x (x+t) f(t)\, dt$ (2) $F(x) = \int_a^x (x-t) f'(t)\, dt$

2. 次の極限値を求めよ．

(1) $\displaystyle\lim_{x \to 2} \frac{1}{x-2} \int_2^x \sqrt{t^2+4}\, dt$ (2) $\displaystyle\lim_{x \to 0} \frac{1}{x} \int_0^x \sqrt{1+\sin t}\, dt$

3. 次の不等式を証明せよ．

(1) $\displaystyle\int_0^1 \frac{dx}{x^3+1} < \int_0^1 \frac{dx}{x^4+1}$ (2) $\displaystyle\frac{\pi}{2} < \int_0^{\frac{\pi}{2}} e^{\sin x}\, dx < \frac{\pi}{2} e$

演習問題 B

1. 次の不等式を証明せよ．

(1) $0 < \displaystyle\int_0^{\frac{\pi}{4}} \sqrt{1-\tan x}\, dx < \frac{\pi}{4}$ (2)* $\displaystyle\frac{\pi}{2\sqrt{2}} < \int_0^{\frac{\pi}{2}} \frac{dx}{\sqrt{2-\sin^2 x}} < \frac{\pi}{2}$

2. 次の等式を証明せよ．ただし，関数 $f(x)$ は微分可能とする．

$$\frac{d}{dx} \int_a^{f(x)} g(t)\, dt = g(f(x)) f'(x)$$

3. 次の関数を微分せよ．

(1) $F(x) = \displaystyle\int_a^{3x} f(t)\, dt$ (2) $F(x) = \displaystyle\int_a^{x^2} f(t)\, dt$

(3) $F(x) = \displaystyle\int_{\cos x}^{a} f(t)\, dt$ (4) $F(x) = \displaystyle\int_{2x}^{5x} f(t)\, dt$

4.* 次の不等式を証明せよ．

(1) $\left| \displaystyle\int_a^b f(x)\, dx \right| \leq \int_a^b |f(x)|\, dx$

(2) $\left\{ \displaystyle\int_a^b f(x) g(x)\, dx \right\}^2 \leq \int_a^b \{f(x)\}^2\, dx \int_a^b \{g(x)\}^2\, dx$

§2. 定積分の計算

演習問題 A

1. 次の定積分を求めよ.

(1) $\displaystyle\int_{1}^{3}\frac{2}{x^2}dx$ (2) $\displaystyle\int_{0}^{1}\sqrt[4]{x^3}\,dx$ (3) $\displaystyle\int_{0}^{2}(e^x - e^{2x})dx$

(4) $\displaystyle\int_{0}^{\pi}\sin\frac{x}{3}dx$ (5) $\displaystyle\int_{0}^{\frac{\pi}{6}}\sec^2 2x\,dx$ (6) $\displaystyle\int_{0}^{\frac{\pi}{2}}\tan^2\frac{x}{2}dx$

(7) $\displaystyle\int_{1}^{2}(2x-3)^4 dx$ (8) $\displaystyle\int_{2}^{3}\frac{1}{\sqrt{3x-5}}dx$ (9) $\displaystyle\int_{-4}^{0}\frac{1}{1-2x}dx$

2. 次の定積分を求めよ.

(1) $\displaystyle\int_{1}^{4}\frac{1+2x}{\sqrt{x}}dx$ (2) $\displaystyle\int_{1}^{2}\frac{(x+2)^3}{x^2}dx$ (3) $\displaystyle\int_{3}^{5}\frac{dx}{x^2-x-2}$

(4) $\displaystyle\int_{1}^{3}\frac{x+3}{x^2+3x+2}dx$ (5) $\displaystyle\int_{-1}^{3}\frac{2x+1}{x^2+x+4}dx$

3. 次の定積分を求めよ.

(1) $\displaystyle\int_{0}^{1}\frac{dx}{3+x^2}$ (2) $\displaystyle\int_{-1}^{\sqrt{3}}\frac{dx}{6+2x^2}$ (3) $\displaystyle\int_{0}^{2}\frac{dx}{\sqrt{8-x^2}}$

(4) $\displaystyle\int_{-1}^{0}\frac{dx}{\sqrt{4-3x^2}}$ (5) $\displaystyle\int_{-2}^{-1}\frac{dx}{x^2+2x+2}$ (6) $\displaystyle\int_{1}^{2}\frac{dx}{\sqrt{1+2x-x^2}}$

4. 次の定積分を求めよ.

(1) $\displaystyle\int_{-1}^{5}|x-3|\,dx$ (2) $\displaystyle\int_{-2}^{3}|x^2-4x|\,dx$ (3) $\displaystyle\int_{0}^{\pi}|\sin 2x|\,dx$

5. 置換積分法を利用して, 次の定積分を求めよ.

(1) $\displaystyle\int_{0}^{1}x^2(2x^3-3)^3 dx$ (2) $\displaystyle\int_{0}^{1}\frac{x}{\sqrt{1+x^2}}dx$ (3) $\displaystyle\int_{0}^{\frac{\pi}{4}}\cos^3 x \sin x\,dx$

(4) $\displaystyle\int_{1}^{e^2}\frac{(\log x)^3}{x}dx$ (5) $\displaystyle\int_{1}^{4}\frac{x}{\sqrt{5-x}}dx$ (6) $\displaystyle\int_{1}^{\sqrt{3}}\frac{dx}{x^2\sqrt{4-x^2}}$

6. 部分積分法を利用して, 次の定積分を求めよ.

(1) $\displaystyle\int_{0}^{\pi}x\cos x\,dx$ (2) $\displaystyle\int_{0}^{2}x e^{2x} dx$ (3) $\displaystyle\int_{-1}^{1}\frac{1-x}{e^x}dx$

(4) $\displaystyle\int_{1}^{2}x^3 \log x\,dx$ (5) $\displaystyle\int_{1}^{e}\frac{\log x}{x^2}dx$ (6) $\displaystyle\int_{0}^{\frac{\pi}{2}}x\sec^2\frac{x}{2}dx$

7. p.6 下段の公式を利用して，次の定積分を求めよ．

(1) $\displaystyle\int_{-\frac{\pi}{2}}^{\frac{\pi}{2}}\cos^3 x\, dx$ (2) $\displaystyle\int_0^{\frac{\pi}{6}}\sin^4 3x\, dx$ (3) $\displaystyle\int_0^{\pi}\cos^6\frac{x}{2}\, dx$

演習問題 B

1. 次の定積分を求めよ．

(1) $\displaystyle\int_0^{\frac{\pi}{3}}\sin 3x \sin 2x\, dx$ (2) $\displaystyle\int_0^1\frac{dx}{\sqrt{x+1}+\sqrt{x}}$

(3) $\displaystyle\int_1^2\frac{dx}{x^3+3x^2+2x}$ (4) $\displaystyle\int_3^5\frac{dx}{x^3-2x^2+x}$ (5) $\displaystyle\int_0^2\frac{dx}{x^3+1}$

2. 次の定積分を求めよ．

(1) $\displaystyle\int_0^{2\pi}|1+2\cos x|\, dx$ (2) $\displaystyle\int_0^{\frac{\pi}{2}}|\sin x-\cos x|\, dx$

3. 次の定積分を求めよ．

(1) $\displaystyle\int_0^{\frac{\pi}{2}}\frac{\sin^3 x}{1+\cos x}\, dx$ (2) $\displaystyle\int_0^{\frac{\pi}{4}}\sin^3 x\sqrt{\cos x}\, dx$

(3) $\displaystyle\int_4^9\frac{\sqrt{x}}{x-1}\, dx$ (4) $\displaystyle\int_0^{\frac{\pi}{3}}\frac{dx}{3+\tan^2 x}$ (5)* $\displaystyle\int_0^{\frac{\pi}{2}}\frac{dx}{\sin x+\cos x}$

4. 次の定積分を求めよ．

(1) $\displaystyle\int_0^{\sqrt{3}} x\tan^{-1}x\, dx$ (2) $\displaystyle\int_0^{\sqrt{3}}\sin^{-1}\frac{x}{2}\, dx$ (3) $\displaystyle\int_0^1 x\log(x^2+1)\, dx$

(4) $\displaystyle\int_0^1\frac{xe^x}{(1+x)^2}\, dx$ (5) $\displaystyle\int_0^{\frac{\pi}{2}} x^2\cos x\, dx$ (6) $\displaystyle\int_1^e(\log x)^2\, dx$

5. 部分積分法を利用して，次の定積分を求めよ．

(1) $\displaystyle\int_\alpha^\beta(x-\alpha)(x-\beta)^3\, dx$ (2) $\displaystyle\int_\alpha^\gamma(x-\alpha)(x-\beta)(x-\gamma)\, dx$

6.* 次の不等式を証明せよ．ただし，$n>2$ とする．

(1) $\displaystyle\frac{\pi}{4}<\int_0^1\frac{dx}{1+x^n}<1$ (2) $\displaystyle\frac{1}{2}<\int_0^{\frac{1}{2}}\frac{dx}{\sqrt{1-x^n}}<\frac{\pi}{6}$

§3. 広義の積分

演習問題 A

1. 次の異常積分を求めよ．

(1) $\displaystyle\int_0^1 \frac{dx}{\sqrt[4]{x^3}}$ (2) $\displaystyle\int_{-2}^0 \frac{dx}{\sqrt{x+2}}$ (3) $\displaystyle\int_0^2 \frac{x}{\sqrt{4-x^2}}\,dx$

2. 次の無限積分を求めよ．

(1) $\displaystyle\int_1^\infty \frac{dx}{(3x-2)^3}$ (2) $\displaystyle\int_{-\infty}^0 2^x\,dx$ (3) $\displaystyle\int_1^\infty \frac{dx}{x(x+2)}$

3. 次の広義積分は存在しないことを示せ．

(1) $\displaystyle\int_0^2 \frac{dx}{(x-2)^3}$ (2) $\displaystyle\int_3^\infty \frac{dx}{\sqrt{2x-6}}$ (3) $\displaystyle\int_0^\infty \frac{\cos x}{2+\sin x}\,dx$

4. 次の広義積分を適当な置換によって求めよ．

(1) $\displaystyle\int_0^1 \frac{x^2}{\sqrt{1-x^2}}\,dx$ (2) $\displaystyle\int_0^\infty \frac{\tan^{-1} x}{1+x^2}\,dx$ (3) $\displaystyle\int_2^\infty \frac{dx}{x(\log x)^2}$

演習問題 B

1. 次の異常積分が存在すれば，これを求めよ．

(1) $\displaystyle\int_0^3 \frac{x}{\sqrt[3]{(x^2-9)^2}}\,dx$ (2) $\displaystyle\int_0^1 \frac{dx}{\sqrt{x-x^2}}$ (3) $\displaystyle\int_{-1}^0 \frac{\log(1+x)}{1+x}\,dx$

2. 次の無限積分が存在すれば，これを求めよ．

(1) $\displaystyle\int_1^\infty \frac{dx}{x(1+x^2)}$ (2) $\displaystyle\int_0^\infty e^{-x}\sin 2x\,dx$ (3) $\displaystyle\int_0^\infty \frac{dx}{x^2(x^2+2)}$

3. 次の広義積分を適当な置換によって求めよ．

(1) $\displaystyle\int_{-\infty}^\infty \frac{dx}{(x^2+1)^2}$ (2) $\displaystyle\int_0^1 \frac{dx}{\sqrt{x^2+x}}$ (3)* $\displaystyle\int_1^\infty \frac{\sqrt{x}}{(x+1)^2}\,dx$

4. (1) 異常積分 $\displaystyle\int_0^1 \frac{dx}{x^p}$ は，$0<p<1$ ならば $\dfrac{1}{1-p}$ であり，$p\geqq 1$ ならば存在しないことを証明せよ．

(2) 無限積分 $\displaystyle\int_1^\infty \frac{dx}{x^p}$ は，$p>1$ ならば $\dfrac{1}{p-1}$ であり，$0<p\leqq 1$ ならば存在しないことを証明せよ．

§4. 面積・体積

演習問題 A

1. 次の曲線と x 軸および直線 $x=1$, $x=2$ で囲まれた図形の面積を求めよ．
  （1） $y = x^2 - 2x + 2$　　（2） $y = -x^2 + 5x - 6$　　（3） $y = e^{2x-1}$

2. 次の曲線と y 軸および直線 $y=1$, $y=2$ で囲まれた図形の面積を求めよ．
  （1） $y = \dfrac{2}{x}$　　（2） $y = \sqrt{x} + 1$　　（3） $y = x^3 - 7$

3. 次の曲線と x 軸で囲まれた図形の面積を求めよ．
  （1） $y = 2x^2 - 5x + 2$　　　　（2） $y = 6x^2 - 9x - x^3$
  （3） $y = x^3 - 4x^2 + 3x$　　　（4） $y = (1-x)\sqrt{x}$

4. 次の曲線と直線で囲まれた図形の面積を求めよ．
  （1） $y = x^2 - 3x + 5$, $y = 3$　　（2） $y = 2x^2 + 3x - 5$, $y = x - 1$
  （3） $y = x^3 - x^2$, $y = x - 1$　　（4） $y = \sqrt{x-1}$, $x - 2y = 1$

5. 次の曲線で囲まれた図形の面積を求めよ．
  （1） $y = 2x^2 + 3x - 5$, $y = x^2 + 4x - 3$
  （2） $y^2 = 4x$, $4y = x^2$　　（3） $y = x^2 - 7$, $xy = -6$

6. 次の媒介変数表示が表す曲線と x 軸で囲まれた図形の面積を求めよ．
  （1） $x = 2\cos t$, $y = \sin t$　$(0 \leqq t \leqq \pi)$
  （2） $x = t^2$, $y = t^2 - t$　$(0 \leqq t \leqq 1)$

7. 次の極方程式が表す曲線と半直線で囲まれた図形の面積を求めよ．
  （1） $r = e^\theta$ $(0 \leqq \theta \leqq 2\pi)$, $\theta = 0$
  （2） $r = 1 - \cos\theta$ $(0 \leqq \theta \leqq \pi)$, $\theta = \pi$

8. 次の曲線を x 軸のまわりに回転して得られる回転体の体積を求めよ．
  （1） $y = e^x$ $(0 \leqq x \leqq 1)$　　　（2） $y = 2x - 1$ $(0 \leqq x \leqq 2)$
  （3） $y = x^2 - 2x$ $(0 \leqq x \leqq 2)$　（4） $y = \dfrac{1}{x+1}$ $(0 \leqq x \leqq 1)$

9. 次の曲線で囲まれた図形を x 軸のまわりに回転して得られる回転体の体積を求めよ．

(1) $y=x^2$, $y=x^3$ (2) $y=x^2$, $y=4x-x^2$
(3) $y=\sqrt{1-x}$, $x+y=1$ (4) $y=\sin\pi x$, $y=2x$

演習問題 B

1. 次の曲線と x 軸で囲まれた図形の面積を求めよ．
(1) $y=x(x-2)^3$ (2) $y=x^4-5x^2+4$
(3) $y=(x-1)^2\sqrt[3]{x}$ (4) $y=2\sin x+\sin 2x$ $(0\leqq x\leqq 2\pi)$

2. 次の曲線で囲まれた図形の面積を求めよ．
(1) $y=x^2-x-3$, $y=-x^2+2x+4$
(2) $y=(x-1)^3$, $y=x^2-1$ (3) $y=|x^2-4x+3|$, $y=x-1$
(4) $y=\sin x$, $y=\cos 2x$ $(0\leqq x\leqq 2\pi)$

3. 次の不等式の表す領域の面積を求めよ．
(1) $x^2+4y^2\leqq 4$, $x^2+y^2\geqq 1$ (2) $y^2\leqq |x|$, $x^2+y^2\leqq 2$

4. 次の媒介変数表示の曲線が囲む面積を求めよ．ただし，$0\leqq t\leqq 2\pi$ とする．
(1) $x=\cos t$, $y=\sin 2t$ (2)* $x=\cos^3 t$, $y=\sin^3 t$

5. 次の極方程式が表す曲線が囲む図形の面積を求めよ．
(1) $r=2$ と $r=2+\sin\theta$ $(0\leqq\theta\leqq\pi)$
(2) $r=1$ と $r=1+\sin 2\theta$ $\left(0\leqq\theta\leqq\dfrac{\pi}{2}\right)$

6. 半球状の容器に水が入っている．水面は半径 a の円であって，水深は h である．水の体積を求めよ．

7. 曲線 $y=\sin^{-1}x$ $(-1\leqq x\leqq 1)$ を x 軸，y 軸のまわりにそれぞれ回転して得られる回転体の体積 V_x, V_y を求めよ．

8. 次の媒介変数表示で表される曲線を x 軸のまわりに回転して得られる回転体の体積を求めよ．
(1) $x=a\cos\theta$, $y=b\sin\theta$ $(a, b>0, 0\leqq\theta\leqq 2\pi)$
(2) $x=a(\theta-\sin\theta)$, $y=a(1-\cos\theta)$ $(a>0, 0\leqq\theta\leqq 2\pi)$

5. 微分積分の応用

§1. 数列・級数

演習問題 A

1. 次の数列 $\{a_n\}$ の収束,発散を調べよ.収束すれば,その極限値を求めよ.

(1) $a_n = \dfrac{n^2+n}{n+3}$ (2) $a_n = \dfrac{\sqrt{n}-1}{n+1}$ (3) $a_n = \log\dfrac{n}{n+1}$

(4) $a_n = \sin\dfrac{n}{2}\pi$ (5) $a_n = \cos\dfrac{n\pi}{n+2}$ (6) $a_n = \sqrt{n}-\sqrt{n-3}$

(7) $a_n = \left(-\dfrac{2}{3}\right)^{n-1}$ (8) $a_n = \dfrac{2^n-3^n}{3^n+5}$ (9) $a_n = \dfrac{(-3)^n-2^n}{4^n}$

2. 次の数列 $\{a_n\}$ の極限値を求めよ.

(1) $a_n = \dfrac{\cos n\pi}{n}$ (2) $a_n = \dfrac{1}{3^n}\sin\dfrac{\pi}{n}$ (3) $a_n = \dfrac{n+\sin n\theta}{n+1}$

3. 数列 $\{\tan^n\theta\}$ の極限を調べよ.ただし,$0 \leqq \theta < \dfrac{\pi}{2}$ とする.

4. 次の数列が収束するような x の値の範囲を求めよ.

(1) $\{(x^2-3)^{n-1}\}$ (2) $\{x^{n-1}(x-2)^{n-1}\}$

5. 次の級数の和を求めよ.

(1) $\displaystyle\sum_{n=1}^{\infty}\left(-\dfrac{2}{3}\right)^{n-1}$ (2) $\displaystyle\sum_{n=1}^{\infty}3\left(\dfrac{1}{2}\right)^{n-1}$ (3) $\displaystyle\sum_{n=1}^{\infty}\dfrac{1}{2}\left(-\dfrac{3}{4}\right)^{n-1}$

(4) $\displaystyle\sum_{n=1}^{\infty}\dfrac{1}{(n+1)(n+2)}$ (5) $\displaystyle\sum_{n=1}^{\infty}\dfrac{1}{n(n+2)}$

6. 次の級数は発散することを示せ.

(1) $\displaystyle\sum_{n=1}^{\infty}\dfrac{2n-3}{n+2}$ (2) $\displaystyle\sum_{n=1}^{\infty}\dfrac{n^2-3}{n^2+2}$ (3) $\displaystyle\sum_{n=1}^{\infty}\dfrac{\sqrt{n}}{\sqrt{n}+1}$

7. 次の循環小数を分数で表せ.

(1) $1.\dot{3}$ (2) $0.2\dot{3}$ (3) $0.\dot{1}0\dot{2}$

8. $\triangle ABC$ の3辺の中点を結び $\triangle A_1B_1C_1$ をつくる.同様の方法で $\triangle A_nB_nC_n$ ($n=2,3,\cdots$) をつくる.$\triangle ABC$ の周の長さを l,$\triangle A_nB_nC_n$ の周の長さを l_n とする.級数 $\displaystyle\sum_{n=1}^{\infty}l_n$ の和を求めよ.

9. 定積分を用いて次の不等式を証明せよ．ただし，n は正の整数である．

(1) $\dfrac{2}{3}n\sqrt{n} < 1 + \sqrt{2} + \cdots + \sqrt{n}$ 　　(2) $1 + \dfrac{1}{2^2} + \cdots + \dfrac{1}{n^2} < 2 - \dfrac{1}{n}$

演習問題 B

1. 次の数列 $\{a_n\}$ の収束，発散を調べよ．収束すれば，極限値を求めよ．

(1) $a_n = \dfrac{n^2}{1 + 2 + \cdots + n}$ 　　(2) $a_n = \dfrac{\sqrt{n+6} - \sqrt{n+3}}{\sqrt{n+2} - \sqrt{n+1}}$

2. 次の数列 $\{a_n\}$ の収束，発散を調べよ．

(1) $a_n = \dfrac{r^n}{r^{2n} + 1}$ 　　(2) $a_n = \dfrac{r^n - 2^n}{r^n + 2^n}$

3.* 次の等式を証明せよ．ただし，a は定数である．

(1) $\lim\limits_{n\to\infty} \dfrac{a^n}{n!} = 0$ 　　(2) $\lim\limits_{n\to\infty} \sqrt[n]{n} = 1$

4. 次の級数の収束，発散を調べよ．

(1) $\sum\limits_{n=1}^{\infty} \log_2 \dfrac{n+2}{n+1}$ 　　(2) $\sum\limits_{n=1}^{\infty} \dfrac{1}{(1+x)^n}$ 　　(3) $\sum\limits_{n=1}^{\infty} \dfrac{\cos^2 x}{(1+\cos^2 x)^n}$

5.* 級数 $\sum\limits_{n=1}^{\infty} \dfrac{1}{n^\alpha}$ について，次のことを証明せよ．

(1) $\alpha > 1$ ならば，収束　　(2) $0 < \alpha < 1$ ならば，発散

6.* 次の級数の収束，発散を判定せよ．

(1) $\sum\limits_{n=1}^{\infty} \dfrac{1}{n^2 + 1}$ 　　(2) $\sum\limits_{n=1}^{\infty} \dfrac{1}{\sqrt{n^2 + n}}$ 　　(3) $\sum\limits_{n=1}^{\infty} \dfrac{1}{\sqrt[3]{n+1}}$

7. $\sum\limits_{n=1}^{\infty} (-1)^{n-1} a_n$（$a_n \geq 0$）を **交項級数** という．$a_1 \geq a_2 \geq \cdots \geq a_n \geq \cdots \geq 0$，$\lim\limits_{n\to\infty} a_n = 0$ であるとき，次の問に答えよ．ただし，第 n 部分和を S_n とする．

(1) 不等式 $S_{2n} \leq S_{2n+2} \leq a_1$ が成り立つことを示せ．

(2)* 与えられた交項級数は収束することを証明せよ．

8.* 次の級数の収束，発散を調べよ．

(1) $\sum\limits_{n=1}^{\infty} \dfrac{n}{2^n}$ 　　(2) $\sum\limits_{n=1}^{\infty} \dfrac{3^n}{n!}$ 　　(3) $\sum\limits_{n=1}^{\infty} (\sqrt[n]{n} - 1)^n$

9.* 級数 $\sum a_n$ に対して，$\sum |a_n|$ を絶対値級数という．次の級数とその絶対値級数の収束，発散を調べよ．

(1) $\sum_{n=1}^{\infty} (-1)^{n-1} \dfrac{1}{n}$ (2) $\sum_{n=1}^{\infty} \dfrac{(-1)^{n-1}}{n(n+1)}$ (3) $\sum_{n=1}^{\infty} (-1)^{n-1} \dfrac{\sqrt{n}}{n+1}$

§2. 関数の展開

演習問題 A

1. 次の関数を x の2次式で近似せよ．

(1) $y = \sqrt{(1+x)^3}$ (2) $y = \sqrt[3]{1+2x}$ (3) $y = \cos 3x$

2. 前問1の結果を用い次の数の近似値を小数第3位まで求めよ．

(1) $\sqrt{1.03^3}$ (2) $\sqrt[3]{1.4}$ (3) $\cos 0.6$

3. 次の関数のマクローリン展開を0でない初めの3項まで求めよ．

(1) e^{x^2} (2) $\dfrac{1}{1-3x}$ (3) $\log(1+x^2)$ (4) $\sqrt[4]{1+x}$

4. 次の関数のマクローリン展開を0でない初めの3項まで求めよ．

(1) 2^x (2) $\dfrac{1}{\sqrt{1-x}}$ (3) $\dfrac{1+x}{1-x}$ (4) $\log(1-x^2)$

演習問題 B

1. 次の関数のマクローリン展開を0でない初めの3項まで求めよ．

(1) $\sin x \cos x$ (2) $\log(1+x)(1-2x)$

2.* 関数 $y = \sinh x$ のマクローリン展開を求めよ．

3. 関数 $y = \tan x$ のマクローリン展開を x^5 の項まで求めよ．

4. べき級数 $f(x) = \sum a_n x^n$ は収束域において微分可能な関数であって，次のことが成り立つ．

(i) $(\sum a_n x^n)' = \sum a_n (x^n)' = \sum n a_n x^{n-1}$ （項別微分）

(ii) $\int (\sum a_n x^n)\, dx = \sum a_n \int x^n\, dx = \sum \dfrac{a_n}{n+1} x^{n+1}$ （項別積分）

(1) 関数 $\log(1+x)$ のマクローリン展開と(i)を用い次の等式を導け．

$$\frac{1}{1+x} = \sum_{n=0}^{\infty} (-1)^n x^n \qquad (|x|<1)$$

（2） 関数 $\dfrac{1}{1+x^2}$ のマクローリン展開と上の(ii)を用い次の等式を導け．

$$\tan^{-1} x = \sum_{n=0}^{\infty} (-1)^n \frac{x^{2n+1}}{2n+1} \quad (|x|<1), \qquad \frac{\pi}{4} = \sum_{n=0}^{\infty} (-1)^n \frac{1}{2n+1}$$

5. 関数 $y = \dfrac{1}{\sqrt{1-x^2}}$ のマクローリン展開を利用して次の近似式を導け．

$$\sin^{-1} x \fallingdotseq x + \frac{x^3}{6} + \frac{3}{40} x^5$$

6.* 関数 $y = e^x$ の $x = 2$ を中心とするテイラー展開を求めよ．

§3. 不定形の極限

演習問題 A

1. 次の不定形の極限値を求めよ．

（1） $\displaystyle\lim_{x \to 0} \frac{e^x - e^{-x}}{\sin 3x}$ （2） $\displaystyle\lim_{x \to 0} \frac{e^x - \cos x}{x}$ （3） $\displaystyle\lim_{x \to 4} \frac{\sqrt{x} - 2}{x - 4}$

（4） $\displaystyle\lim_{x \to 0} \frac{\sin 2x}{x^2 + x}$ （5） $\displaystyle\lim_{x \to 0} \frac{\sin^{-1} x}{x}$ （6） $\displaystyle\lim_{x \to \frac{\pi}{2}} \frac{1 - \operatorname{cosec} x}{\cot x}$

2. 次の不定形の極限値を求めよ．

（1） $\displaystyle\lim_{x \to \infty} \frac{\log x}{e^x}$ （2） $\displaystyle\lim_{x \to \infty} \frac{\log \log x}{x}$ （3） $\displaystyle\lim_{x \to +0} \frac{\log \tan x}{\log x}$

3. 次の不定形の極限値を求めよ．

（1） $\displaystyle\lim_{x \to 0} \frac{(\log(x+1))^2}{x^2}$ （2） $\displaystyle\lim_{x \to \pi} \frac{(x-\pi)^2}{1 - \cos 2x}$

（3） $\displaystyle\lim_{x \to 0} \frac{e^{2x} - e^x - x}{x^2}$ （4） $\displaystyle\lim_{x \to \infty} \frac{(\log x)^2}{1 + e^x}$

4. 次の不定形の極限値を求めよ．

（1） $\displaystyle\lim_{x \to 0} \left(\frac{1}{x} - \frac{1}{\sin x} \right)$ （2） $\displaystyle\lim_{x \to +0} x \log\left(1 + \frac{1}{x}\right)$

（3） $\displaystyle\lim_{x \to 0} (1-x)^{\frac{1}{x}}$ （4） $\displaystyle\lim_{x \to \infty} x^{\frac{1}{x}}$ （5） $\displaystyle\lim_{x \to \infty} x \sin^{-1} \frac{1}{x}$

5. マクローリン展開を用いて次の不定形の極限を求めよ．

(1) $\displaystyle\lim_{x\to 0}\frac{2\cos x+x^2-2}{x^4}$
(2) $\displaystyle\lim_{x\to 0}\frac{e^x-e^{-x}-2x}{x-\sin x}$

6. 次の広義積分を求めよ．

(1) $\displaystyle\int_0^1 \sqrt[3]{x}\log x\,dx$
(2) $\displaystyle\int_0^e x\log x\,dx$
(3) $\displaystyle\int_0^\infty x^3 e^{-x^2}\,dx$

演習問題 B

1. 次の不定形の極限値を求めよ．

(1) $\displaystyle\lim_{x\to 0}\frac{x^2-\log(1+x^2)}{x^4}$
(2) $\displaystyle\lim_{x\to +0}\frac{\log\sin x}{\log\tan x}$

(3) $\displaystyle\lim_{x\to\infty} x\log\frac{x-2}{x+2}$
(4) $\displaystyle\lim_{x\to\frac{\pi}{2}}(\sin x)^{\tan x}$

(5) $\displaystyle\lim_{x\to +0}(\operatorname{cosec} x)^{\sin x}$

2. 次の不定形の極限値を求めよ．

(1) $\displaystyle\lim_{x\to 0}\frac{\sin x-x\cos x}{x\sin x}$
(2) $\displaystyle\lim_{x\to 1+0}\left(\frac{1}{x-1}-\frac{1}{\log x}\right)$

(3) $\displaystyle\lim_{x\to +0}(\sin x)^x$
(4) $\displaystyle\lim_{x\to\infty}\frac{e^{-x}}{\pi-2\tan^{-1}x}$
(5) $\displaystyle\lim_{x\to\frac{\pi}{4}}\frac{\sec^2 x-2\tan x}{1+\cos 4x}$

3. マクローリン展開を用い次の不定形の極限を求めよ．

(1) $\displaystyle\lim_{x\to\infty}\left\{x-x^2\log\left(1+\frac{1}{x}\right)\right\}$
(2)* $\displaystyle\lim_{x\to 0}\left(\frac{1}{x^2}-\cot^2 x\right)$

4. (1) 次の不定形の極限①の結果を用いて極限②を求めよ．

① $\displaystyle\lim_{x\to 0}\frac{x-\sin x}{x^3}$
② $\displaystyle\lim_{x\to 0}\left(\frac{1}{\sin^2 x}-\frac{1}{x^2}\right)$

(2) 次の近似式①を導き，不定形の極限②を求めよ．

① $e^{\sin x}\fallingdotseq 1+x+\dfrac{x^2}{2}-\dfrac{x^4}{8}$
② $\displaystyle\lim_{x\to 0}\frac{e^x-e^{\sin x}}{x-\sin x}$

5. 次の広義積分を求めよ．

(1) $\displaystyle\int_0^1 (\log x)^2\,dx$
(2) $\displaystyle\int_0^1 \frac{\log(1+x^2)}{x^2}\,dx$
(3) $\displaystyle\int_0^\infty x^2 e^{-3x}\,dx$

§4. 定積分の応用

演習問題 A

1. 次の曲線の長さを求めよ．

(1) $y = \dfrac{1}{3}\sqrt{(x^2+2)^3}$ $\quad (0 \leq x \leq 3)$

(2) $y = \log(1-x^2)$ $\quad \left(0 \leq x \leq \dfrac{1}{2}\right)$

2. 次の媒介変数表示が表す曲線の長さを求めよ．

(1) $x = 2\cos^2 t,\quad y = \sin 2t$ $\quad (0 \leq t \leq 3)$

(2) $x = t + \sin t,\quad y = 3 + \cos t$ $\quad \left(0 \leq t \leq \dfrac{\pi}{2}\right)$

3. 次の極方程式が表す曲線の長さを求めよ．

(1) $r = 2^\theta$ $\quad (0 \leq \theta \leq 1)$ $\qquad$ (2) $r = 2\theta$ $\quad (0 \leq \theta \leq \pi)$

4. 次の図形の重心の座標を求めよ．

(1) 曲線 $y = \sqrt{x-1}$ と x 軸, 直線 $x=2$ で囲まれた図形

(2) 曲線 $y = x^2$ と $x = y^2$ で囲まれた図形

(3) 不等式 $x^2 + 9y^2 \leq 9,\ x \geq 0,\ y \geq 0$ が表す領域

5. 次の関数の区間 I における平均値を求めよ．

(1) $y = \tan^{-1} x \quad I = [0, 1]$ $\qquad$ (2) $y = x\log x \quad I = [e^{-1}, e]$

6. 定積分を利用して次の極限値を求めよ．

(1) $\displaystyle\lim_{n\to\infty} \frac{1}{n}\sum_{k=1}^{n}\left(1+\frac{k}{n}\right)^2$ $\qquad$ (2) $\displaystyle\lim_{n\to\infty} \frac{1}{n}\sum_{k=1}^{n}\sqrt{\frac{3n+k}{n}}$

(3) $\displaystyle\lim_{n\to\infty} \frac{1}{n}\sum_{k=1}^{n}\log\left(1+\frac{k}{n}\right)$ $\qquad$ (4) $\displaystyle\lim_{n\to\infty} \frac{1}{n}\sum_{k=1}^{n}\frac{n^2}{n^2+k^2}$

7. 次の極限値を求めよ．

(1) $\displaystyle\lim_{n\to\infty}\left(\frac{1}{n^3} + \frac{4}{n^3} + \cdots + \frac{n^2}{n^3}\right)$

(2) $\displaystyle\lim_{n\to\infty}\left(\frac{1}{3n+1} + \frac{1}{3n+2} + \cdots + \frac{1}{4n}\right)$

(3) $\displaystyle\lim_{n\to\infty} n\left\{\frac{1}{(n+1)^2} + \frac{1}{(n+2)^2} + \cdots + \frac{1}{4n^2}\right\}$

演習問題 B

1. 次の曲線の長さを求めよ．
 (1) $y = \log x$　$(\sqrt{3} \leq x \leq 2\sqrt{2})$　　(2) $y = \log \cos x$　$\left(0 \leq x \leq \dfrac{\pi}{4}\right)$

2. 媒介変数表示あるいは極方程式で表された次の曲線の長さを求めよ．
 (1) アステロイド $x = \cos^3 t$, $y = \sin^3 t$　$\left(0 \leq t \leq \dfrac{\pi}{2}\right)$
 (2) $x = \dfrac{1}{3} t^3 \cos \dfrac{3}{t}$, $y = \dfrac{1}{3} t^3 \sin \dfrac{3}{t}$　$(1 \leq t \leq 3)$
 (3) $r = \sin^3 \dfrac{\theta}{3}$　$(0 \leq \theta \leq 3\pi)$

3. 次の図形の重心の座標を求めよ．
 (1) 曲線 $y = \log x$, x 軸, 直線 $x = e$ で囲まれた図形
 (2) 曲線 $y = \sin x$　$(0 \leq x \leq \pi)$ と x 軸で囲まれた図形
 (3) 曲線 $\sqrt{x} + \sqrt{y} = 1$ と両座標軸で囲まれた図形
 (4) 不等式 $x^2 + y^2 \leq a^2$, $x^2 + y^2 \geq ax$ が表す領域 ($a > 0$)

4. 関数 $y = \sum\limits_{k=1}^{n} k \sin kx$ について，区間 $[0, \pi]$ における y^2 の平均値を求めよ．

5. 次の極限値を求めよ．
 (1) $\lim\limits_{n \to \infty} \sum\limits_{k=1}^{n} \dfrac{n}{4n^2 - k^2}$　　(2) $\lim\limits_{n \to \infty} \sum\limits_{k=1}^{n} \dfrac{n+k}{n^2 + k^2}$
 (3) $\lim\limits_{n \to \infty} \sum\limits_{k=1}^{n} \dfrac{n}{k^2 - nk - 2n^2}$

6. 次の極限値を求めよ．
 (1) $\lim\limits_{n \to \infty} \dfrac{1}{n^2} \left(\sqrt{1 + \dfrac{1}{n}} + 2\sqrt{1 + \dfrac{2}{n}} + \cdots + n\sqrt{1 + \dfrac{n}{n}} \right)$
 (2) $\lim\limits_{n \to \infty} \dfrac{1}{n^2} \left\{ (1 + \sqrt{n})^2 + (\sqrt{2} + \sqrt{n})^2 + \cdots + (\sqrt{n} + \sqrt{n})^2 \right\}$

7. AB を直径とする半径 1 の半円の弧を n 等分した分点 A, $P_1, \cdots, P_n = $ B をとり，弦 AP_k と弧 AP_k が囲む部分の面積を S_k とする．$\lim\limits_{n \to \infty} \dfrac{1}{n} \sum\limits_{k=1}^{n} S_k$ を求めよ．

8.* 次の不等式を証明せよ．
$$\lim_{n \to \infty} \left(\dfrac{1}{\sqrt{n^4 + 1^2}} + \dfrac{1}{\sqrt{n^4 + 2^2}} + \cdots + \dfrac{1}{\sqrt{n^4 + n^2}} \right) \leq \log(1 + \sqrt{2})$$

6. 偏 微 分

§1. 偏 微 分

演習問題 A

1. 次の極限を調べよ．

(1) $\displaystyle\lim_{(x,y)\to(0,0)} \frac{x^3 y}{x^2+y^2}$ (2) $\displaystyle\lim_{(x,y)\to(0,0)} \frac{xy}{x^2-y^2}$

(3) $\displaystyle\lim_{(x,y)\to(0,0)} x\sin\frac{y}{x}$ (4) $\displaystyle\lim_{(x,y)\to(1,1)} \frac{\sin(x-y)}{x-y}$

2. 次の関数の連続な領域をいえ．

(1) $z = \dfrac{1}{\sqrt{1+x^2+y^2}}$ (2) $z = \log(x-y)$ (3) $z = \sin\dfrac{y}{x}$

3. 次の関数を偏微分せよ．

(1) $z = x^2 y^3 + x^3 y^2$ (2) $z = \sqrt[3]{x^2-y^2}$ (3) $z = e^{x+y}\cos xy$

(4) $z = \dfrac{1-xy}{1+xy}$ (5) $z = \sin^{-1}(x+2y)$ (6) $z = \log\sin xy$

4. 次のことを証明せよ．

(1) $z = \sin\dfrac{y}{x} + \cos\dfrac{x}{y}$ ならば，$xz_x + yz_y = 0$ である．

(2) $z = \dfrac{1}{2}\log(x^2+y^2)$ ならば，$z_x^2 + z_y^2 = \dfrac{1}{e^{2z}}$ である．

5. 次の関数の第2次偏導関数 z_{xx}, z_{xy}, z_{yy} を求めよ．

(1) $z = x^2 y^3 - 4x^3 y^2 + 2x^3 y$ (2) $z = \dfrac{x}{x+y}$

(3) $z = e^{x^2 y^2}$ (4) $z = xy\sin xy$

6. 次の関数は調和関数であることを確かめよ．

(1) $z = 2y - 3x^2 y + y^3 + 2$ (2) $z = e^{-y}(\cos x + \sin x)$

7. 次の関数の全微分を求めよ．

(1) $z = x^3 + x^2 y^2 + y^3$ (2) $z = (x+3y+1)^2$

(3) $z = \sin\sqrt{xy}$ (4) $z = \sin^{-1} xy$

8. 次の数の近似値を3けたの有効数字で求めよ．

  (1) $3.98^2 \times 2.03^4$ 　　　　(2) $\dfrac{2.02^4}{1.97^3}$

9. 次の関数の全微分と第2次偏導関数を求めよ．
$$u = (x+y)z^2 + (y+z)x^2 + (z+x)y^2$$

演習問題 B

1.* 次の極限は存在しないことを確かめよ．

  (1) $\displaystyle\lim_{(x,y)\to(0,0)} \dfrac{x^2}{3x+y}$ 　　(2) $\displaystyle\lim_{(x,y)\to(0,0)} \dfrac{x^2 y}{x^4+y^2}$

2. 次の関数の偏導関数 z_x, z_y を求めよ．

  (1) $z = \dfrac{e^{xy}}{e^x + e^y}$ 　　　　(2) $z = \sin^{-1}\dfrac{y}{x}$ 　　$(x>0)$

  (3) $z = \tan^{-1}\dfrac{x+y}{x-y}$ 　(4) $z = \log_y(x+y)$ 　(5) $z = x^y y^x$

3. 次の関数の全微分を求めよ．

  (1) $z = \log(xy + \sqrt{1+x^2 y^2})$ 　　(2) $z = \tan^{-1}\dfrac{xy}{\sqrt{1+x^2+y^2}}$

  (3) $u = \dfrac{zx}{xy+yz}$ 　　　　(4) $u = \sin^{-1}\dfrac{yz}{x}$ 　$(x>0)$

4. 次の関数の第2次偏導関数 z_{xx}, z_{xy}, z_{yy} を求めよ．

  (1) $z = (x^3 y + xy^3)^2$ 　　(2) $z = \dfrac{xy}{x^2 - y^2}$

  (3) $z = \log(x^2 - y^2)$

5. $u = (x-y)(y-z)(z-x)$ のとき，次の等式を証明せよ．

  (1) $xu_x + yu_y + zu_z = 3u$ 　　(2) $u_{xx} + u_{yy} + u_{zz} = 0$

6. 長さ l の振子の周期 T は $T = 2\pi\sqrt{\dfrac{l}{g}}$ で表される．ただし，g は重力の加速度である．l と g がそれぞれ Δl, Δg だけ変化するとき，T の変化を ΔT とする．近似式 $\dfrac{\Delta T}{T} \fallingdotseq \dfrac{1}{2}\left(\dfrac{\Delta l}{l} - \dfrac{\Delta g}{g}\right)$ を証明せよ．

§2. 基本公式

演習問題 A

1. 次の式で表される合成関数 $z(x(t), y(t))$ について，$\dfrac{dz}{dt}$ を t の式で表せ．

(1) $z = \log(x+y)$, $\quad x = \tan t$, $\quad y = \sec t$

(2) $z = \tan^{-1} \dfrac{x}{y}$, $\quad x = te^t$, $\quad y = (t+1)e^t$

(3) $z = \dfrac{x+y}{x-y}$, $\quad x = t-1$, $\quad y = \dfrac{2}{t}$

2. 次の式で表される合成関数 $z(x(u,v), y(u,v))$ について，z_u, z_v を求めよ．

(1) $z = x^2 y + xy^2$, $\quad x = (u+v)^2$, $\quad y = (u-v)^2$

(2) $z = \sin xy$, $\quad x = ue^v$, $\quad y = ve^u$

(3) $z = \log x \log y$, $\quad x = uv$, $\quad y = \dfrac{u}{v}$

3. 次の方程式で表される陰関数 $y = f(x)$ について，y' を求めよ．

(1) $x^2 y - x^3(x+y) = 0$ 　　(2) $\log(x-y) - \sin xy = 0$

(3) $\sin^{-1} xy - (x+y)^2 = 0$ 　　(4) $\sqrt[3]{x+y} + \sqrt{x^2+y^2} - 1 = 0$

4. $z = xy - yf(u)$, $u = \dfrac{x}{y}$ のとき，次の等式を証明せよ．
$$xz_x + yz_y = xy + z$$

5. 方程式 $\log(x+y) + xy = 0$ で表された陰関数 $y = f(x)$ について，y'' を求めよ．

演習問題 B

1. (1) 関数 $z = f(x,y)$ において，$x = \varphi(t), y = \psi(t)$ とする．次の等式を証明せよ．
$$\frac{d^2z}{dt^2} = f_{xx}\left(\frac{dx}{dt}\right)^2 + 2f_{xy}\frac{dx}{dt}\frac{dy}{dt} + f_{yy}\left(\frac{dy}{dt}\right)^2 + f_x\frac{d^2x}{dt^2} + f_y\frac{d^2y}{dt^2}$$

(2) $z = f(x,y)$, $y = \varphi(x)$ のとき，$\dfrac{d^2z}{dx^2}$ を求めよ．

2. 関数 $z = f(x, y)$ において, $x = x(u, v)$, $y = y(u, v)$ とする. 第2次偏導関数 $\dfrac{\partial^2 z}{\partial u^2}$, $\dfrac{\partial^2 z}{\partial v^2}$ を求めよ.

3. 次の関数 z において, $x = u^2 + v^2$, $y = uv$ とする. 偏導関数 z_u, z_v を z_x, z_y を用いて表せ.
 (1) $z = f(x, -y)$　　　(2) $z = f(\sin x, \cos y)$

4. $z = f(x, y)$, $x = u\cos\theta - v\sin\theta$, $y = u\sin\theta + v\cos\theta$ のとき, 次の等式を証明せよ. ただし, θ は定数である.
$$\frac{\partial^2 z}{\partial x^2} + \frac{\partial^2 z}{\partial y^2} = \frac{\partial^2 z}{\partial u^2} + \frac{\partial^2 z}{\partial v^2}$$

5. 次の方程式で表される陰関数 $y = f(x)$ について, y'' を求めよ.
 (1) $\log\sqrt{x^2 + y^2} - \tan^{-1}\dfrac{y}{x} = 0$　　(2) $ax^2 + 2hxy + by^2 = 1$

6. 次の問に答えよ.
 (1) 2つの関係式 $f(x, y, z) = 0$, $g(x, y, z) = 0$ から定まる x の関数 y, z について, 次の等式を導け.
$$\frac{dy}{dx} = \frac{f_z g_x - f_x g_z}{f_y g_z - f_z g_y}, \qquad \frac{dz}{dx} = \frac{f_x g_y - f_y g_x}{f_y g_z - f_z g_y}$$
 (2) 2つの関係式
$$x^2 + y^2 + z^2 = 4, \qquad x + 2y + 3z = 5$$
から定まる x の関数 y, z について, $\dfrac{dy}{dx}, \dfrac{dz}{dx}$ を求めよ.

7. 次の方程式で表される x, y の関数 z について, z_x, z_y を求めよ.
 (1) $x + xy + y + z^2 = 0$　　　(2) $x^2 - xy + y^2 - z^2 = 0$
 (3) $xy - \sin xy + e^{-z} = 0$　　(4) $e^{zx} + e^{yz} = x + y + 2$

8. 方程式
$$x^2 + y^2 + z^2 + 2x + 2y + 2z = 0$$
で表された x, y の関数 z について, 次の等式を証明せよ.
$$\frac{\partial^2 z}{\partial x^2} + \frac{\partial^2 z}{\partial y^2} = -\frac{z^2 + 2z + 4}{(z+1)^3}$$

§3. 偏微分の応用

演習問題 A

1. 次の関数の極値を求めよ．
  (1) $z = x^3 + 3xy + y^3$
  (2) $z = 2x^3 + 3x^2 - y^2$
  (3) $z = x^2 + xy + y^2 + 2x + 4y$
  (4) $z = x^4 - 2x^2y + x^2 + y^2$

2. 次の関数の極値を調べよ．
  (1) $z = x^2 - y^2 + x + y + 2$
  (2) $z = x^3 + 2x - xy^2 + 3$
  (3) $z = (x-y)^2 + y^3$
  (4) $z = x^4 + y^2 + 2y + 3$

3. 原点 O から曲面 $z^2 = xy - 5x - y + 23$ 上の点 P までの距離 OP の最小値を求めよ．

4. 次の方程式で表された陰関数 $y = f(x)$ の極値を求めよ．
  (1) $x^2 + 3xy + y^2 + 5 = 0$
  (2) $xy(y-x) - 16 = 0$
  (3) $x^2 + 2xy + y^2 - 2x - 4y + 1 = 0$

5. 半径 a の円に内接する長方形のうちで，周の長さが最大のものを求めよ．

6. $x^2 - xy + y^2 = 1$ のとき，関数 $z = x + y$ の最大値，最小値を求めよ．

7. 次の関数のマクローリン展開を x, y の2次の項まで求めよ．
  (1) $f(x, y) = e^{xy}$
  (2) $f(x, y) = \log(1 + x + y)$

演習問題 B

1. 次の関数の極値を調べよ．
  (1) $z = 2(x^2 - y^2) - (x^2 + y^2)^2$
  (2) $z = (2x^2 + y^2)e^{-x}$
  (3)* $z = x^4 + y^4 - (x-y)^2$
  (4) $z = (x+y)e^{-x^2-y^2}$

2. 半径1の半円に内接し，1辺がこの半円の直径上にある四角形のうちで面積が最大のものを求めよ．

3. 半径 a の円に外接する三角形のうちで面積が最小のものを求めよ．

4. 次の方程式で表された陰関数 y の極値を求めよ．
  (1) $x^4 - 4xy + y^2 = 0$
  (2) $x^2y^2 + 2y - 2x + 3 = 0$

5. $x^2 + y^2 = 27$ のとき関数 $z = x^2 y$ の最大値, 最小値を求めよ.

6. 変数 x, y, z は条件 $\varphi(x, y, z) = 0$ をみたして変化するとき, 3変数の関数 $u = f(x, y, z)$ について, 次のことを証明せよ.

（1） $$u_x = f_x - f_z \frac{\varphi_x}{\varphi_z}, \qquad u_y = f_y - f_z \frac{\varphi_y}{\varphi_z}$$

（2） 関数 u が極値をとる点では次の比例式が成り立つ.（極値の必要条件）
$$\frac{f_x}{\varphi_x} = \frac{f_y}{\varphi_y} = \frac{f_z}{\varphi_z}$$

7.* （1） 体積が一定の直方体のうち, 表面積が最小のものを求めよ.
（2） 周の長さが一定 $2s$ の三角形のうち, 面積が最大のものを求めよ.

8. 関数 $z = \sqrt{1 + x^2 + y^2}$ のマクローリン展開を x, y の2次の項まで求めよ.

9. 曲面 $z = f(x, y)$ 上の点 $\mathrm{P}(a, b, f(a, b))$ を通る曲線 $z = f(x, b)$, $z = f(a, y)$ の点 P における接線をそれぞれ g, l とする. 次のことを証明せよ.

（1） 点 P を通り, 2直線 g, l を含む平面（**接平面**）の方程式は
$$f_x(a, b)(x - a) + f_y(a, b)(y - b) = z - f(a, b)$$

（2） 点 P を通って, この接平面に垂直な直線（**法線**）の方程式は
$$\frac{x - a}{f_x(a, b)} = \frac{y - b}{f_y(a, b)} = \frac{z - f(a, b)}{-1}$$

7. 重積分

§1. 2重積分

演習問題 A

1. 次の累次積分を求めよ．

(1) $\displaystyle\int_0^1 \int_2^3 \frac{x+\sqrt{x}}{\sqrt{y}}\,dy\,dx$

(2) $\displaystyle\int_1^{\sqrt{3}} \int_1^2 \frac{1}{(1+y^2)(3+x)}\,dx\,dy$

(3) $\displaystyle\int_0^{\frac{\pi}{3}} \int_0^{\frac{\pi}{2}} \cos(x+y)\,dx\,dy$

(4) $\displaystyle\int_0^2 \int_0^{2x-x^2} (x+2y)\,dy\,dx$

2. 次の2重積分を求めよ．

(1) $\displaystyle\iint_D e^{x-y}\,dx\,dy \qquad D : 0 \leq x \leq 2,\ 0 \leq y \leq \frac{x}{2}$

(2) $\displaystyle\iint_D \sqrt{x+y}\,dx\,dy \qquad D : 0 \leq y \leq 1,\ y \leq x \leq 3y$

(3) $\displaystyle\iint_D y\,dx\,dy \qquad D : y \geq 0,\ x^2 + y^2 \leq 1$

(4) $\displaystyle\iint_D (x-y)\,dx\,dy \qquad D : y \geq x^2,\ y^2 \leq x$

3. 次の累次積分を求めよ．

(1) $\displaystyle\int_\pi^{2\pi} \int_0^1 x^2 y \sin xy\,dy\,dx$

(2) $\displaystyle\int_1^2 \int_1^x \log y\,dy\,dx$

4. 次の2重積分の積分順序を変更せよ．

(1) $\displaystyle\int_0^2 \int_{x^2}^{\sqrt{8x}} F(x,y)\,dy\,dx$

(2) $\displaystyle\int_0^4 \int_{1-\frac{x}{4}}^{\sqrt{x}+1} F(x,y)\,dy\,dx$

5. 次の2重積分を求めよ．

(1) $\displaystyle\int_{-1}^0 \int_{-2y}^2 e^{-x^2}\,dx\,dy$

(2) $\displaystyle\int_0^1 \int_{\sin^{-1} x}^{\frac{\pi}{2}} e^{\cos y}\,dy\,dx$

6. 極座標を用いて次の2重積分を求めよ．

(1) $\displaystyle\iint_D \frac{1}{x^2+y^2}\,dx\,dy \qquad D : 1 \leq x^2 + y^2 \leq 4$

(2) $\displaystyle\iint_D (1+y^2)\,dx\,dy \qquad D : y \geq 0,\ x^2 + y^2 \leq 1$

(3) $\displaystyle\iint_D \sqrt{x}\,dx\,dy \qquad D : y \geq 0,\ x^2 + y^2 \leq 2x$

7. 次の2重積分を求めよ．

$$\iint_D \frac{x}{\sqrt{1-x^2y^2}}\,dx\,dy \qquad D:0\leqq x\leqq 1,\ 0\leqq y\leqq 1$$

演習問題 B

1. 次の累次積分を求めよ．

(1) $\displaystyle\int_{\frac{1}{\sqrt{3}}}^{1}\int_{x^2}^{x}\frac{x}{x^2+y^2}\,dy\,dx$ \qquad (2) $\displaystyle\int_0^1\int_0^1 x\tan^{-1}xy\,dy\,dx$

(3) $\displaystyle\int_0^1\int_0^y\sqrt{4y^2-x^2}\,dx\,dy$ \qquad (4) $\displaystyle\int_e^{e^2}\int_1^e\frac{(\log xy)^2}{x}\,dx\,dy$

2. 次の2重積分を求めよ．

(1) $\displaystyle\iint_D(x+2y)\,dx\,dy$ \qquad $D:x^2\leqq y\leqq x+2$

(2) $\displaystyle\iint_D\log\frac{y^2}{x}\,dx\,dy$ \qquad $D:1\leqq y\leqq x\leqq e$

(3) $\displaystyle\iint_D y\,e^{xy}\,dx\,dy$ \qquad $D:1\leqq x\leqq 2,\ \frac{1}{x}\leqq y\leqq 2$

(4)* $\displaystyle\iint_D x\tan^{-1}y\,dx\,dy$ \qquad $D:0\leqq x\leqq 1,\ 0\leqq y\leqq x$

(5)* $\displaystyle\iint_D(y-x)\log y\,dx\,dy$ \qquad $D:1\leqq x\leqq 2,\ \frac{x}{2}\leqq y\leqq x$

3. 次の2重積分の積分順序を変更せよ．

(1) $\displaystyle\int_0^4\int_{\sqrt{4x-x^2}}^{2\sqrt{x}}F(x,y)\,dy\,dx$ \qquad (2) $\displaystyle\int_1^3\int_{y^2-4y+6}^{4y-y^2}F(x,y)\,dx\,dy$

4. 次の2重積分を求めよ．

(1) $\displaystyle\iint_D\sqrt{x^2+y^2}\,dx\,dy$ \qquad $D:0\leqq x,\ 0\leqq y,\ 3x\leqq x^2+y^2\leqq 9$

(2)* $\displaystyle\iint_D r^3\,dr\,d\theta$ \qquad $D:0\leqq\theta\leqq\frac{\pi}{4},\ r^2\leqq\cos 2\theta$

5. $\Gamma(x)=\displaystyle\int_0^\infty e^{-t}t^{x-1}\,dt\ (x>0)$ を **ガンマ関数** という．次の等式を証明せよ．

(1) $\Gamma(1)=1$ \qquad (2)* $\Gamma\!\left(\dfrac{1}{2}\right)=\sqrt{\pi}$

(3) $\Gamma(x+1)=x\Gamma(x)$ \qquad (4) $\Gamma(n+1)=n!$ \quad (n は正の整数)

§2. 3重積分・体積

演習問題 A

1. 次の累次積分を求めよ．

(1) $\displaystyle\int_1^2\int_0^1\int_0^3(xy+yz)\,dz\,dx\,dy$ (2) $\displaystyle\int_0^1\int_0^x\int_0^{y^2}(x+y+z)\,dz\,dy\,dx$

(3) $\displaystyle\int_0^1\int_0^y\int_0^{x+y}e^{x+y+z}\,dz\,dx\,dy$ (4) $\displaystyle\int_0^{2\pi}\int_0^{\frac{\pi}{2}}\int_0^{2\cos\theta}r^2\sin\theta\,dr\,d\theta\,d\varphi$

2. 空間内で不等式
$$0\leqq x\leqq 2,\ 0\leqq y\leqq x,\ 0\leqq z\leqq x+1$$
で表された領域を D とする．次の3重積分を求めよ．

(1) $\displaystyle\iiint_D(z+1)\,dx\,dy\,dz$ (2) $\displaystyle\iiint_D xy\,dx\,dy\,dz$

(3) $\displaystyle\iiint_D \sin\pi(x+y)\,dx\,dy\,dz$ (4) $\displaystyle\iiint_D \frac{1}{\sqrt{z+1}}\,dx\,dy\,dz$

3. 次の3重積分を求めよ．

(1) $\displaystyle\iiint_D\sin(x+y+z)\,dx\,dy\,dz$ $D:0\leqq y\leqq x\leqq\frac{\pi}{2},\ 0\leqq z\leqq x$

(2) $\displaystyle\iiint_D 2z\,dx\,dy\,dz$ $D:0\leqq x\leqq 1,\ x^2\leqq y\leqq x,$
$0\leqq z\leqq\sqrt{1-x^2-y^2}$

4. 次の不等式で表された空間の領域の体積を求めよ．

(1) $0\leqq x\leqq 1,\ 0\leqq y\leqq 1,\ 0\leqq z\leqq 1+x^2$

(2) $0\leqq x\leqq 2,\ 0\leqq y\leqq 2-x,\ 0\leqq z\leqq 2-x-y$

(3) $0\leqq x\leqq 1,\ x^2\leqq y\leqq\sqrt{x},\ 0\leqq z\leqq x+y$

5. 次の曲面と平面で囲まれた立体の体積を求めよ．

(1) 放物柱面 $z=1-x^2$ と平面 $y=0,\ y=2,\ z=0$

(2) 放物柱面 $z=y^2,\ y=z^2$ と平面 $x=0,\ x=1$

(3) 曲面 $z=xy$ と平面 $x+y=1,\ z=0$

(4) 円柱面 $x^2+y^2=4$ と $x^2+z^2=4$

6. 次の曲面と平面で囲まれた立体の体積を，極座標を用いて求めよ．

(1) 曲面 $z=x^2+y^2$，円柱面 $x^2+y^2=1$ と平面 $z=0$

(2) 曲面 $z=1-x^2-y^2$ と平面 $z=0$

(3) 球面 $x^2+y^2+z^2=4$ と円柱面 $x^2+y^2=1$ の内部

(4) 曲面 $z=\dfrac{x^2}{3}+\dfrac{y^2}{4}$, 円柱面 $x^2+y^2=4$ と平面 $z=0$

演習問題 B

1. 次の累次積分を求めよ.

(1) $\displaystyle\int_0^{\frac{\pi}{2}}\int_0^{\cos\theta}\int_0^{\sqrt{1-r^2}} r\,dz\,dr\,d\theta$

(2) $\displaystyle\int_0^{2\pi}\int_0^{\pi}\int_0^{a} r^4\sin^3\theta\cos^2\varphi\,dr\,d\theta\,d\varphi$

(3) $\displaystyle\int_2^3\int_0^{x^2}\int_0^{\sqrt{x^2-1}}\frac{1}{x^2+z^2-1}\,dz\,dy\,dx$

2. 次の3重積分を求めよ.

(1) $\displaystyle\iiint_D (x+\sqrt{z})\,dx\,dy\,dz \qquad D: 0\leq x\leq 1,\ x\leq y\leq\sqrt{x},\ 0\leq z\leq y^2$

(2) $\displaystyle\iiint_D \frac{dx\,dy\,dz}{(x+y+z+1)^2} \qquad D: x\geq 0,\ y\geq 0,\ 0\leq z\leq 1-x-y$

(3) $\displaystyle\iiint_D \frac{1}{y+z}\,dx\,dy\,dz \qquad D: 1\leq x\leq 2,\ 1\leq y\leq x,\ 0\leq z\leq 1$

3.* 次の等式を証明せよ. ただし, $a>0$, l, m, n は正の整数である.

(1) $\displaystyle\int_0^a\int_0^{a-x} nx^m y^{n-1}\,dy\,dx = \frac{m!\,n!}{(m+n+1)!}a^{m+n+1}$

(2) $\displaystyle\int_0^1\int_0^{1-x}\int_0^{1-x-y} nx^l y^m z^{n-1}\,dz\,dy\,dx = \frac{l!\,m!\,n!}{(l+m+n+2)!}$

4. 次の曲面と平面で囲まれた立体の体積を求めよ.

(1) 曲面 $z^2=4ax$ と円柱面 $x^2+y^2=ax$ $(a>0)$

(2) 曲面 $z^2=xy$ と柱面 $\sqrt{x}+\sqrt{y}=1$

(3) 曲面 $x^2-y^2+z^2=4$ と平面 $y=0,\ y=2$

5. 次の曲面と平面で囲まれた立体の体積を, 極座標を用いて求めよ.

(1) 円柱面 $x^2+(y-1)^2=1$ と平面 $z=0,\ y+z=2$

(2) 曲面 $z=x^2-2x$, 円柱面 $x^2-2x+y^2=0$ と平面 $z=0$

(3)* 球面 $x^2+y^2+z^2=1$ とレムニスケート $(x^2+y^2)^2=x^2-y^2$

が定める柱面の内部

解　答

1. 微　分

§1. 関数の極限・連続関数

演習問題 A (p.8 〜 9)

1. (1) $\dfrac{1}{2}$　(2) $\sqrt{2}$　(3) $\dfrac{1}{2\sqrt{5}}$　(4) $\dfrac{4}{5}$　(5) 0　(6) -1

2. (1) ∞　(2) 0　(3) 0　(4) ∞　(5) $-\infty$　(6) $-\infty$

3. (1) -5　(2) 0　(3) 0　(4) 1　(5) 0　(6) 1

4. (1) $a=-1\,;\,5$　(2) $a=1\,;\,\dfrac{2}{5}$　(3) $a=3\,;\,\dfrac{7}{5}$

(4) $a=3\,;\,\dfrac{1}{2}$

5. (1) 1　(2) 0

6. $\left(\dfrac{1}{\sqrt{2}},\,-\dfrac{1}{\sqrt{2}}\right),\,\left(-\dfrac{1}{\sqrt{2}},\,\dfrac{1}{\sqrt{2}}\right)$

7. 右の図

8. 略

演習問題 B (p.9 〜 10)

1. (1) $\dfrac{1}{2}$　(2) 0　(3) 0　(4) 2

2. (1) $a=1,\ b=-3$　(2) $a=-5,\ b=6$　(3) $a=4,\ b=12$

(4) ＊ $a\leqq 0$ のとき，与式は ∞ に発散するから $a>0$ で考える；

$a=\sqrt{3},\ b=\dfrac{2}{3}\sqrt{3}$

3. (1) $0<a<2$ のとき ∞，$a=2$ のとき 0，$a>2$ のとき $-\infty$

(2) $a>b$ のとき ∞，$a=b$ のとき 0，$a<b$ のとき $-\infty$

(3) $0<a<1$ のとき 0，$a=1$ のとき $\dfrac{1}{2}$，$a>1$ のとき 1

(4) $0<a<1$ のとき -1，$a=1$ のとき 0，$a>1$ のとき 1

4. ＊ 条件から $f(x)$ は因数 $(x+1)(x-1)(x-2)$ をもつ；

$f(x)=(x+1)(x-1)(x-2)(-x^2+x+3)$　　**5.** $-\dfrac{1}{2}$　　**6.** $a=3$

7. (1) [graph] (2) [graph]

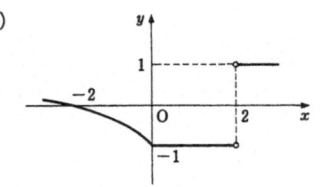

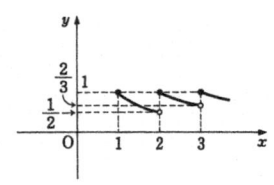

8., 9. 略　**10.** ＊　方程式の左辺を $f(x)$ とおき, $f(1)$ と $f(-1)$ の符号をみる.

§2. 微分の基本公式

演習問題 A (p.10～11)

1. (1) $\dfrac{1}{\sqrt{x}}+5x^4$　(2) $-\dfrac{4}{x^5}+3x^2$　(3) $\dfrac{3}{2}\sqrt{x}+\dfrac{9}{x^4}$

(4) $-\dfrac{1}{2x\sqrt{x}}+4x^3$　(5) $-\dfrac{1}{x^6}-\dfrac{2}{x^3}$　(6) $-\dfrac{2}{x^2}+\dfrac{6}{x^7}$

2. (1) $\dfrac{1}{5\sqrt[5]{x^4}}+\dfrac{4}{3}\sqrt[3]{x}$　(2) $\dfrac{2}{\sqrt[3]{x}}+\dfrac{1}{4x\sqrt[4]{x}}$　(3) $5x\sqrt{x}-\dfrac{2}{3x\sqrt[3]{x^2}}$

(4) $\dfrac{1}{4\sqrt[4]{x}}+\dfrac{1}{3x\sqrt[3]{x}}$　(5) $-\dfrac{3}{x^2\sqrt{x}}-\dfrac{2}{x\sqrt[3]{x^2}}$　(6) $\dfrac{1}{3}\sqrt[3]{x^2}+\dfrac{1}{5x\sqrt[5]{x}}$

3. (1) $y'=-\dfrac{6}{(2x+1)^4}$　(2) $y'=\dfrac{2}{\sqrt[3]{(6x+7)^2}}$　(3) $y'=-3\sqrt{5-2x}$

(4) $y'=4\sqrt[3]{3x+2}$　(5) $y'=\dfrac{9}{4\sqrt[4]{3x+5}}$　(6) $y'=-\dfrac{1}{(4x+5)\sqrt[4]{4x+5}}$

4. (1) $y'=9x^2+4x+15x\sqrt{x}+6\sqrt{x}$　(2) $y'=5x^4+\dfrac{9}{x^{10}}$

(3) $y'=\dfrac{5}{6\sqrt[6]{x}}+\dfrac{7}{12\sqrt[12]{x^5}}$　(4) $y'=-3x^2+\dfrac{10}{3}x^2\sqrt[3]{x}+\dfrac{5}{3}\sqrt[3]{x^2}-\dfrac{4}{3}\sqrt[3]{x}$

5. (1) $y'=9x^2+10x+5$　(2) $y'=4x^3-3x^2+4x-1$

(3) $y'=3x^2-7$　(4) $y'=-18x^2+14x-2$

6. (1) $y'=-\dfrac{2(x+2)}{x^2(x+4)^2}$　(2) $y'=-\dfrac{2\sqrt{x}+1}{2x\sqrt{x}(\sqrt{x}+1)^2}$

(3) $y'=-\dfrac{21}{(3x+5)^2}$　(4) $y'=\dfrac{-4x^2-4x+3}{(2x^2+x+2)^2}$

(5) $y'=\dfrac{3x^2+4x+6}{(x^2-2)^2}$　(6) $y'=-\dfrac{1}{\sqrt{x}(\sqrt{x}-1)^2}$

7. (1) $y'=3(x^2-3x+9)^2(2x-3)$　(2) $y'=\dfrac{2}{\sqrt{x}}(\sqrt{x}+3x+3)^3(6\sqrt{x}+1)$

(3) $y'=\dfrac{3(2x+5)}{4\sqrt[4]{x^2+5x+7}}$　(4) $y'=-\dfrac{x}{2(x^2+1)\sqrt[4]{x^2+1}}$

解答 (1. 微分)　　　　61

(5) $y' = \dfrac{15(3x+1)^2}{(4x+3)^4}$　　(6) $y' = \dfrac{18x(1-x^2)}{(x^2+1)^3}$　　8. 略

演習問題 B (p.11～12)

1. (1) $-\dfrac{3}{4}\left(\dfrac{1}{x^2\sqrt{x}} + \dfrac{1}{x\sqrt[4]{x^3}}\right)$　　(2) $\dfrac{3}{5\sqrt[5]{x^2}} + 2\sqrt[3]{x}$

(3) $-\dfrac{1}{18x\sqrt[9]{x^4}} - \dfrac{1}{6x\sqrt[6]{x}}$

2. (1) $y' = 4x^3 + 12x^2 + 12x + 5$　　(2) $y' = 24x^2 - 4x - 7$

(3) $y' = 2(2x-1)(x^2-x-7)$

3. *　(1), (2) 積の形に変形して微分　　(3) 分母を有理化して微分

(4) $y = -1 + \dfrac{1}{\sqrt{x} - 2x}$ と変形して微分；(1) $y' = \dfrac{2(x+2)(x+7)}{(x+1)^4}$

(2) $y' = \dfrac{3(x-2)(-x^2+3x+6)}{(x+1)^3(x+2)^4}$　　(3) $y' = 1 + \dfrac{x}{\sqrt{x^2-1}}$

(4) $y' = \dfrac{4\sqrt{x} - 1}{2\sqrt{x}(\sqrt{x} - 2x)^2}$

4. (1) $y' = \dfrac{1}{2(3x+2)^2}\sqrt{\dfrac{3x+2}{2x+1}}$　　(2) $y' = -\dfrac{2(3x+2)}{3x^3}\sqrt[3]{\dfrac{x^2}{3x+1}}$

(3) *　$y = \left(\dfrac{x^4-1}{x^4+1}\right)^4$ と変形；$y' = \dfrac{32x^3(x^4-1)^3}{(x^4+1)^5}$

(4) $y' = \dfrac{2(\sqrt[3]{x}-1)^2}{\sqrt[3]{x^2}(\sqrt[3]{x}+1)^4}$　　**5.** $\dfrac{af'(a) - f(a)}{ag'(a) - g(a)}$

6. (1) $y' = \dfrac{f'(x)\sqrt[p]{f(x)}}{pf(x)}$　　(2) $y' = -\dfrac{f'(x)}{pf(x)\sqrt[p]{f(x)}}$

(3) $y' = \dfrac{qf'(x)\sqrt[p]{\{f(x)\}^q}}{pf(x)}$　　**7.** 略

8. *　h を時間 t の関数と考えれば，$\dfrac{dh}{dt} = \dfrac{dh}{dx}\dfrac{dx}{dt}$；$\dfrac{1}{3}$ cm　　**9., 10.** 略

§3. 三角関数

演習問題 A (p.13)

1. (1) $\dfrac{1}{2}$　(2) 2　(3) 2　(4) $-\dfrac{\pi}{2}$　(5) 1　(6) $\dfrac{2}{3}$

2. (1) $7\cos(7x+8)$　(2) $5\sin(2-5x)$　(3) $8\sec^2(8x+3)$

(4) $3\cosec^2(5-3x)$　(5) $3\tan(3x+4)\sec(3x+4)$

(6) $2\cot(6-2x)\cosec(6-2x)$　(7) $3\cos 3x \cos 5x - 5\sin 3x \sin 5x$

(8) $7\cos 7x \tan 2x + 2\sin 7x \sec^2 2x$

(9) $-2\sin 2x \tan 3x + 3\cos 2x \sec^2 3x$

3. (1) $y' = \dfrac{1}{2\sqrt{x}}\sin x + \sqrt{x}\cos x - \dfrac{2}{x^3}$ (2) $y' = -\dfrac{3}{x^4}\sin 2x + \dfrac{2}{x^3}\cos 2x$

$+ 3x^2\cos 3x - 3x^3\sin 3x$ (3) $y' = -2\sin 2x + \dfrac{1}{3\sqrt[3]{x^2}}\tan x + \sqrt[3]{x}\sec^2 x$

(4) $y' = \tan 2x + 2x\sec^2 2x - 2\cot 2x \operatorname{cosec} 2x$

4. (1) $y' = -\dfrac{2\cos 2x}{(1+\sin 2x)^2}$ (2) $y' = \dfrac{3\sec^2 3x}{(2-\tan 3x)^2}$

(3) $y' = \dfrac{3x\cos 3x - \sin 3x}{x^2}$ (4) $y' = \dfrac{1}{1+\cos x}$

(5) $y' = -\dfrac{2\sec^2 x}{(1+\tan x)^2}$ (6) $y' = \dfrac{4\sin 2x}{(1+\cos 2x)^2}$

5. (1) $y' = (2x+5)\sec^2(x^2+5x)$ (2) $y' = -\left(\dfrac{1}{\sqrt[3]{x^2}}+1\right)\sin(3\sqrt[3]{x}+x)$

(3) $y' = 3\sin^2 x \cos x$ (4) $y' = 2\sin 2(3-2x)$

(5) $y' = 6\tan^2 2x \sec^2 2x$ (6) $y' = -2\sin 2x \cos(\cos 2x)$

(7) $y' = \dfrac{1}{(x-1)^2}\sin\dfrac{x}{(x-1)}$ (8) $y' = \dfrac{11}{(2x+5)^2}\tan\dfrac{x-3}{2x+5}\sec\dfrac{x-3}{2x+5}$

(9) $y' = -\cos x \operatorname{cosec}^2(1+\sin x)$

6. (1) $a = \dfrac{1}{6}$, $b = 1$ (2) $a = -2$, $b = 0$ **7.** 2

演習問題 B (p.14 〜 15)

1. (1) $\dfrac{1}{2}$ (2) $\dfrac{1}{2}$ (3) $-\dfrac{\pi}{2}$ (4) π ＊ (5), (6) 性質

$|\sin\theta|\leqq 1$ を用いる； (5) 0 (6) 0 **2.** $a=2$

3. (1) $y' = (2x+3)\sin(3x^2+7) + 6x^2(x+3)\cos(3x^2+7)$

(2) $y' = \dfrac{1}{3\sqrt[3]{x^2}}\tan(x^2+2x) + 2(x+1)\sqrt[3]{x}\sec^2(x^2+2x)$

(3) $y' = 2x\sin 2(x^2+1)$ (4) $y' = -\dfrac{4\sin 4x}{(1+\sin^2 2x)^2}$

4. ＊ §2 演習問題 B **7** (p.12) の公式を用いる；

(1) $y' = \dfrac{2-7x}{\sqrt{7x^2-4x+8}}\sin\sqrt{7x^2-4x+8}$ (2) $y' = 6x(x^2+1)^2\cos(x^2+1)^3$

(3) $y' = \dfrac{3}{4\sqrt[4]{x^3}}\sin^2\sqrt[4]{x}\cos\sqrt[4]{x}$ (4) $y' = -\dfrac{2}{\sqrt{x}}\cos^3(\sqrt{x}+3)\sin(\sqrt{x}+3)$

(5) $y' = \dfrac{2x}{\sqrt[3]{(3x^2+2)^2}}\sec^2\sqrt[3]{3x^2+2}$

(6) $y' = \dfrac{10}{(3x+1)^2}\tan\dfrac{2x-1}{3x+1}\sec^2\dfrac{2x-1}{3x+1}$

5. 略 **6.** (1) 微分可能でない (2) 微分可能

7. (1) $AH = r\sin\theta$, $PH = r(1-\cos\theta)$, $\stackrel{\frown}{AP} = r\theta$ (2) $\dfrac{1}{2r}$ (3) $\dfrac{1}{2r}$

§4. 逆三角関数

演習問題 A (p.15 〜 16)

1. （1） $y = x^5$　　（2） $y = \dfrac{1}{\sqrt[3]{x}}$　　（3） $y = (x+2)^2 - 3$ （$x \geq -2$）

2. （1） $y' = \dfrac{1}{2\sqrt{x+1}}$　　（2） $y' = -\dfrac{1}{2\sqrt{x+7}}$　　（3） $y' = -\dfrac{7}{(2x-3)^2}$

（4） $y' = -\dfrac{1}{2x\sqrt{x}}$

3. （1） $-\dfrac{\pi}{3}$　（2） 0　（3） $-\dfrac{\pi}{2}$　（4） 0　（5） $\dfrac{\pi}{3}$　（6） $\sqrt{3}$

4. （1） $x = \dfrac{1}{3}\sin^{-1}\dfrac{y}{a}$　　（2） $x = a + \sin^{-1} y$　　（3） $x = \dfrac{1}{a}\tan^{-1} y$

5. （1） $\dfrac{\sqrt{3}}{\sqrt{1-3x^2}}$　　（2） $-\dfrac{2}{\sqrt{1-4x^2}}$　　（3） $\dfrac{1}{x^2+2x+2}$

（4） $\sec^2 x \sin^{-1} 2x + \dfrac{2\tan x}{\sqrt{1-4x^2}}$　　（5） $\sec x \tan x \tan^{-1} 3x + \dfrac{3\sec x}{1+9x^2}$

（6） $-\operatorname{cosec}^2 x \sin^{-1} 4x + \dfrac{4\cot x}{\sqrt{1-16x^2}}$

6. （1） $y' = \dfrac{1}{\sqrt{16-x^2}}$　　（2） $y' = \dfrac{1}{\sqrt{2-x^2}}$　　（3） $y' = \dfrac{2}{x^2-2x+5}$

（4） $y' = -7\cos(5-7x)\sin^{-1}\dfrac{x}{3} + \dfrac{\sin(5-7x)}{\sqrt{9-x^2}}$

（5） $y' = \dfrac{\sqrt{3}}{3+x^2}\sin^{-1}(x-1) + \dfrac{1}{\sqrt{2x-x^2}}\tan^{-1}\dfrac{x}{\sqrt{3}}$

（6） $y' = \dfrac{3}{1+9x^2}\tan^{-1}\dfrac{x-1}{2} + \dfrac{2\tan^{-1} 3x}{x^2-2x+5}$

（7） $y' = -\dfrac{2}{(\sin^{-1} 2x)^2 \sqrt{1-4x^2}}$　　（8） $y' = -\dfrac{1}{(1+x^2)(1+\tan^{-1} x)^2}$

7. （1） $y' = \dfrac{3(\tan^{-1} x)^2}{1+x^2}$　　（2） $y' = -\dfrac{2x}{\sqrt{6x^2-x^4-8}}$

（3） $y' = \dfrac{\sin^{-1}\sqrt{x}}{\sqrt{x-x^2}}$　　（4） $y' = \dfrac{\sec^2 x}{\sqrt{1-\tan^2 x}}$

（5） $y' = -\dfrac{1}{x^2+1}$　　（6） $y' = \dfrac{3x^2}{x^6+2x^3+2}$

8. （1） $y' = \dfrac{1}{\sqrt{4-x^2}}$　　（2） $y' = \dfrac{1}{2(1+x^2)}$　　（3） $y' = \dfrac{1}{\sqrt{4x-x^2-3}}$

9. （1） $\dfrac{\pi}{2}$　（2） $\dfrac{\pi}{6}$　（3） $\dfrac{\pi}{3}$　　**10.** 略

演習問題 B (p.16 〜 17)

1. (1) $y' = \dfrac{\sqrt{3}}{\sqrt{6x+11}}$ (2) $y' = -\dfrac{2}{3\sqrt[3]{x}}$ (3) $y' = -\dfrac{4}{(x-3)^5}$

(4) $y' = -\dfrac{4(x+1)}{(x-1)^3}$ (5) $y' = \dfrac{2}{3(x-1)^2}\sqrt[3]{\left(\dfrac{x-1}{x+1}\right)^2}$

2. (1) $y' = \dfrac{5-2x^2}{\sqrt{4-x^2}}$ (2) $y' = \dfrac{4x}{(x^2+1)^2}\sin^{-1}\dfrac{x}{2} + \dfrac{x^2-1}{(x^2+1)\sqrt{4-x^2}}$

(3) $y' = -\dfrac{x}{\sqrt{1-x^2}\sin^{-1}x} - \dfrac{1}{(\sin^{-1}x)^2}$ (4) $y' = \dfrac{3}{9+x^2}\sec x^2$

$+ 2x\tan x^2 \sec x^2 \tan^{-1}\dfrac{x}{3}$ (5) $y' = \dfrac{x+(1-x^2)\tan^{-1}x}{(1+x^2)^2}$

3. (1) $y' = \dfrac{\sin 2x}{\sqrt{1-\sin^4 x}}$ (2) $y' = \dfrac{x+1}{2x\sqrt{6x-x^2-1}}$

(3) $y' = -\dfrac{\cos x}{1+\sin^2 x}$ (4) $y' = 2x^5 \sin^{-1}\dfrac{x}{\sqrt{5}}\left(3\sin^{-1}\dfrac{x}{\sqrt{5}} + \dfrac{x}{\sqrt{5-x^2}}\right)$

4. (1) $y' = \dfrac{1}{2}\sec^2(x+2)$ (2) $y' = \dfrac{\cos x}{1+\sin^2 x}$

(3) $y' = 3(x-2)^2 \cos(x-2)^3$ (4) $y' = \dfrac{2}{(x+1)^2}\cos\dfrac{x-1}{x+1}$

5. * 次のように置き換える. (1) $t = \sin^{-1}x$ (2) $t = \tan^{-1}2x$

(3) $t = \tan^{-1}x$; (1) 1 (2) $\dfrac{2}{5}$ (3) 2

6. * (1), (2) $a = \tan^{-1}x$ とおき主値を考える. (3) $a = \sin^{-1}x$ とおき主値を考える. (4) 加法定理を用いる.

§5. 指数関数・対数関数

演習問題 A (p.17～18)

1. (1) e^3 (2) $\dfrac{1}{e}$ (3) $\dfrac{1}{\sqrt{e}}$

2. (1) $\dfrac{2}{2x-5}$ (2) $\dfrac{3}{x}$ (3) $\dfrac{2}{3(x+2)}$

(4) $\dfrac{1}{4(x+5)}$ (5) $\dfrac{2x-1}{(x+1)(x-2)}$ (6) $\dfrac{3-x}{x(x+3)}$

3. (1) $y' = 10x - \dfrac{1}{x}$ (2) $y' = 2(\cos 2x)\log(x-2) + \dfrac{\sin 2x}{x-2}$

(3) $y' = (3\log x + 2)\sqrt{x}$ (4) $y' = \dfrac{1}{x(x+1)} - \dfrac{\log x}{(x+1)^2}$

(5) $y' = \dfrac{2}{x(1-\log x)^2}$ (6) $y' = \dfrac{\sqrt{1-x^2}\sin^{-1}x - x\log x}{x\sqrt{1-x^2}(\sin^{-1}x)^2}$

4. (1) $y' = \dfrac{2}{x}(1+\log x)$ (2) $y' = \dfrac{3(x^2-1)}{x^3-3x+5}$ (3) $y' = 2\cot x$

解答（1. 微分） 65

(4) $y' = \dfrac{1}{x \log x}$ (5) $y' = \dfrac{1}{\sqrt{x^2+1}}$

5. (1) $\dfrac{1}{x}$ (2) $\dfrac{2(x-1)}{x(x-2)}$ (3) $-\dfrac{19}{(2x+3)(x-8)}$

(4) $\dfrac{1}{(x+3)\log 3}$ (5) $\dfrac{8}{x \log 2}$ (6) $\dfrac{2x+5}{x(x+5)\log 3}$

6. (1) $y' = (3x^2 - x + 2)e^{3x}$ (2) $y' = -4e^{-2x}\sin 2x$

(3) $y' = e^{2x}\left(2\sin^{-1}\dfrac{x}{2} + \dfrac{1}{\sqrt{4-x^2}}\right)$ (4) $y' = \dfrac{e^{-x} - e^x}{(e^x + e^{-x})^2}$

(5) $y' = e^{3x}(3 - 2\cot 2x)\operatorname{cosec} 2x$ (6) $y' = (3^x - 3^{-x})\log 3$

(7) $y' = 2^x\{(\log 2)\tan x + \sec^2 x\}$

(8) $y' = 2^{-x}\left\{\dfrac{1}{2\sqrt{x}} + 1 - (\sqrt{x} + x)\log 2\right\}$

7. (1) $y' = 2(x^2 e^x + 3x)(2x e^x + x^2 e^x + 3)$ (2) $y' = 2\left(\log x + \dfrac{1}{x}\right)e^{2x}\log x$

(3) $y' = e^{\sin(x+1)}\cos(x+1)$ (4) $y' = e^{\tan^{-1}x}\dfrac{1}{1+x^2}$

(5) $y' = \dfrac{2e^x}{1 + 4e^{2x}}$ (6) $y' = \dfrac{2(e^{2x} - e^{-2x})}{e^{2x} + e^{-2x}}$

8. (1) $y' = x^{\sin 3x}\left\{3(\cos 3x)\log x + \dfrac{\sin 3x}{x}\right\}$

(2) $y' = x^{\sec x}\left\{\tan x (\sec x)\log x + \dfrac{\sec x}{x}\right\}$ (3) $y' = -\dfrac{(x+3)(x-5)^3}{(x-7)^6}$

(4) $y' = -\dfrac{(x-2)^2(4x^2 - 15x + 2)}{(x-1)^4(x+2)^5}$

9. (1) 略   (2) ① 略   ② $\dfrac{2}{3}$ ③ 1

演習問題 B (p.18 〜 19)

1. (1) e (2) e (3) e^a (4) $e^{\frac{1}{a}}$

2. (1) $y' = \dfrac{3x^2 - 8}{x(x^2 - 4)}$ (2) $y' = \dfrac{8x^2 - 9x - 29}{(2x+1)(x+3)(x-4)}$

(3) $y' = \dfrac{-x^2 + 4x + 24}{2(x-2)(x+2)(x+5)}$ (4) $y' = \dfrac{3(x^2 - x - 4)}{2x(x+1)(x-2)}$

3. (1) $y' = \left(-2x^2 + 2x - \dfrac{2}{x^3} - \dfrac{3}{x^4}\right)e^{-2x} + 6\tan 3x \sec^2 3x$

(2) $y' = \dfrac{1}{2\sqrt[3]{x}}(2\log x + 3) + 6\sin 6x$

(3) $y' = \sec 3x \left\{3\tan 3x \left(\sin^{-1}\dfrac{x}{\sqrt{2}}\right)\log x + \dfrac{\log x}{\sqrt{2-x^2}} + \dfrac{1}{x}\sin^{-1}\dfrac{x}{\sqrt{2}}\right\}$

(4) $y' = \dfrac{(e^x - e^{-x})(e^{2x} + e^{-2x} + 4)}{(e^x + e^{-x})^2}$ **4.** (1) $y' = \dfrac{13}{2(3x+2)(x+5)\log 2}$

(2) $y' = \dfrac{(2^x - 2^{-x} - 2)\log 2}{(1 + 2^x)^2}$ (3) $y' = \dfrac{1}{3^x}\left(\dfrac{1}{x\log 3} - \log x\right)$

5. (1) $y' = \dfrac{6}{x}(\log x + 3)\log x$ (2) $y' = 4(x e^x + e^{-x})^3(e^x + x e^x - e^{-x})$

(3) $y' = e^{x\log x}(\log x + 1)$ (4) $y' = \dfrac{2x}{(x^2 + 4)\log(x^2 + 4)}$

(5) $y' = -\dfrac{2}{(1 + x^2)(1 + \tan^{-1} x)(1 - \tan^{-1} x)}$

6. (1) $y' = (x + 1)a^{xe^x} e^x \log a$

(2) $y' = (\log x)^{a^x}\left\{a^x(\log a)\log\log x + \dfrac{a^x}{x\log x}\right\}$

(3) $y' = (\tan x)^x\left(\log \tan x + \dfrac{x}{\sin x \cos x}\right)$

(4) $y' = (\log_5 x)^x\left(\log \log_5 x + \dfrac{1}{\log x}\right)$ (5) $y' = -\dfrac{3x^2 + 14x - 8}{2x(x - 4)^3\sqrt{x}}$

(6) $y' = \dfrac{(x + 1)^3(22x^2 - 33x + 5)}{5x^2(2x - 1)\sqrt[5]{(2x - 1)^4}}$ **7.** 略

2. 微分の応用

§1. 微分の応用

演習問題 A (p.20 〜 21)

1. (1) $y = 2x - 9$ (2) $y = x + 4$ (3) $y = \dfrac{2}{e}x$

(4) $y = 4x + \dfrac{1}{\sqrt{3}} - \dfrac{2}{9}\pi$

2. (1) $y = 6x + 1,\ y = 6x - \dfrac{25}{2}$ (2) $y = 3,\ y = \dfrac{7}{2}$

3. (1) $y = 7x,\ y = -17x$ (2) $y = -4x - 1,\ y = 12x - 17$

(3) $y = ex - 2$ (4) $y = -x + 4,\ y = -9x + 12$

4. (1) $y = -x$ (2) $y = -\dfrac{1}{2}x + 1$

5. (1) $\dfrac{dy}{dx} = 1 - t$ (2) $\dfrac{dy}{dx} = \dfrac{t^2 + 1}{t^2 - 1}$ (3) $\dfrac{dy}{dx} = -\dfrac{1}{2\sin t}$

6. (1) $y = \dfrac{8}{3}x - \dfrac{4}{3}$ (2) $y = -\dfrac{\sqrt{3}}{2}x - 2$

7. (1) $\begin{cases} x = 4\cos\theta \\ y = 2 + 2\sin\theta \end{cases}$, $\dfrac{dy}{dx} = -\dfrac{1}{2}\cot\theta$

(2) $\begin{cases} x = 3\sec\theta \\ y = \tan\theta \end{cases}$, $\dfrac{dy}{dx} = \dfrac{1}{3}\operatorname{cosec}\theta$

8. (1) $y' = \dfrac{y}{3y^2 - x}$ (2) $y' = -\dfrac{y^2 \cos x}{2y \sin x + \cos y}$ (3) $y' = \dfrac{1 + y^2}{\sqrt{1 - x^2}}$

9. (1) $x + 2y + 2 = 0$ (2) $x - 3y = 9$

(3) $y = -\dfrac{1}{2}x - \dfrac{1}{2}$ (4) $y = x - \dfrac{\pi}{6}$

演習問題 B (p.21)

1. (1) $y = 5x + 11$, $y = 5x + \dfrac{41}{27}$ (2) $y = x + 1$, $y = \dfrac{29}{2}x - \dfrac{25}{2}$

2. * 2つの曲線の接点の x 座標をそれぞれ a, b として2本の接線を考え，それらが，一致するように a, b を定める；(1) $4x + y + 4 = 0$, $12x - y - 36 = 0$
(2) $x + y + 2 = 0$

3. * 三角形の面積は $\dfrac{3}{4}$ **4.** $(1, 1), (-1, -1)$

5. (1) 略 (2) $\dfrac{dy}{dx} = -\tan t$ (3) 略

6. (1) $y' = \dfrac{3x^2 - y^2 - 6x + 2}{2y(x + 3)}$ (2) $y' = -\dfrac{\sqrt{y}(3x - y + 2\sqrt{xy})}{\sqrt{x}(x - 3y - 2\sqrt{xy})} = \dfrac{y - 3\sqrt{xy}}{x - 3\sqrt{xy}}$ **7.** 略

§2. 関数の増減

演習問題 A (p.22)

1. $\theta = \dfrac{1}{2}$ **2.** (1) $dy = 2x\,dx$ (2) $dy = -3\cos^2 x \sin x\,dx$

(3) $dy = \dfrac{2}{1 + 4x^2}dx$ (4) $dy = \dfrac{2 + \log x}{2\sqrt{x}}dx$ (5) $dy = \dfrac{3}{(x + 1)^2}dx$

(6) $dy = e^{2x}(2\sin x + \cos x)dx$

3. 略 **4.** (1) 2.02 (2) 1.99 (3) 4.02

5. (1) 単調減少 (2) 単調増加 (3) 単調増加

6. (1) $x < \dfrac{1}{3}$, $x > 3$ のとき増加；$\dfrac{1}{3} < x < 3$ のとき減少

(2) $x < -1$, $-\dfrac{1}{2} < x < 0$ のとき減少；$-1 < x < -\dfrac{1}{2}$, $x > 0$ のとき増加

(3) $0 < x < \dfrac{1}{e}$ のとき減少；$x > \dfrac{1}{e}$ のとき増加

(4) $x < -2$, $x > 0$ のとき増加；$-2 < x < 0$ のとき減少

7., 8. 略

演習問題 B (p.22 ~ 23)

1. (1) $0 < x < \sqrt{e}$ のとき増加; $x > \sqrt{e}$ のとき減少　(2) $x < -2\sqrt{3}$, $x > 2\sqrt{3}$ のとき増加; $-2\sqrt{3} < x < -2$, $-2 < x < 2$, $2 < x < 2\sqrt{3}$ のとき減少
(3) $x < 1$, $x > 3$ のとき増加; $1 < x < 3$ のとき減少

2. * $\alpha < \beta$ とし, 閉区間 $[\alpha, \beta]$ でロルの定理を適用する.

3. * θ を h で表す; $\dfrac{1}{2}$

4. * 閉区間 $[x, x+3]$ で平均値の定理を適用する.

5. (1) $\dfrac{\sqrt{3}}{2}x + \dfrac{1}{2}$ 　(2) 0.485 　**6.** 略

§3. 極値・凹凸

演習問題 A (p.23 ~ 24)

1. (1) $x = -\dfrac{2}{3}$ のとき極大値 $\dfrac{13}{27}$, $x = 2$ のとき極小値 -9
(2) $x = -1, 1$ のとき極小値 3, $x = 0$ のとき極大値 5
(3) $x = \dfrac{\pi}{3}$ のとき極大値 $\sqrt{3} - \dfrac{\pi}{3}$, $x = \dfrac{5}{3}\pi$ のとき極小値 $-\sqrt{3} - \dfrac{5}{3}\pi$
(4) $x = \dfrac{1}{2}$ のとき極大値 $\dfrac{1}{2}$ 　(5) $x = -3$ のとき極小値 $-\dfrac{27}{e^3}$
(6) $x = \dfrac{1}{\sqrt{2}}$ のとき極小値 $\dfrac{1}{2}(1 + \log 2)$

2. (1) $a < -3\sqrt{2}$, $a > 3\sqrt{2}$ 　(2) $-3 < a < 3$

3. (1) $y'' = 20x^3 - 12x + 2$ 　(2) $y'' = -\dfrac{2}{9x\sqrt[3]{x^2}} - \dfrac{5}{16x^2\sqrt[4]{x}}$
(3) $y'' = \left(\dfrac{4}{x} - \dfrac{1}{x^2} + 4\log x\right)e^{2x}$

4. (1) $x = \dfrac{1}{3}$ のとき極大値 $\dfrac{58}{27}$, $x = 1$ のとき極小値 2 　(2) $x = 0$ のとき極大値 2, $x = \pm 1$ のとき極小値 -1 　(3) $x = -2$ のとき極大値 -4, $x = 2$ のとき極小値 4 　(4) $x = \dfrac{\pi}{2}$ のとき極大値 $e^{\frac{\pi}{2}}$, $x = \dfrac{3}{2}\pi$ のとき極小値 $-e^{\frac{3}{2}\pi}$

5. (1) $x = 2$ のとき最小値 7, $x = 3$ のとき最大値 12
(2) $x = 0$ のとき最小値 0, $x = 1$ のとき最大値 $\dfrac{1}{2}$
(3) $x = \dfrac{\pi}{6}$ のとき最大値 $\dfrac{\sqrt{3}}{2} - \dfrac{\pi}{6}$, $x = \dfrac{\pi}{2}$ のとき最小値 $-\dfrac{\pi}{2}$
(4) $x = 1$ のとき最大値 $\dfrac{17}{4}$, $x = 4$ のとき最小値 3

解答 (2. 微分の応用)

(5) $x=1$ のとき最小値 0, $x=e$ のとき最大値 $\dfrac{1}{e}$

6. $x=5\,\mathrm{cm}$ のとき最大容積 $2250\,\mathrm{cm}^3$

7. (1) $(1,-2),(2,3)$　　(2) $\left(-\dfrac{1}{2},\dfrac{2}{e^2}\right)$

(3) $\left(\dfrac{\pi}{3},\dfrac{\pi^2}{9}+\dfrac{1}{2}\right),\left(\dfrac{2}{3}\pi,\dfrac{4}{9}\pi^2+\dfrac{1}{2}\right)$　　(4) $(0,0)$

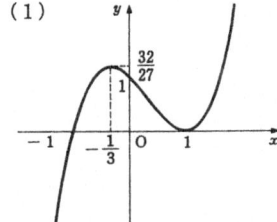

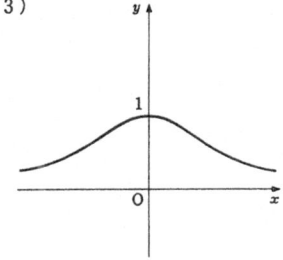

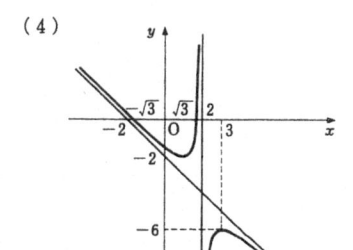

8. (1)　(2)　(3)　(4)

演習問題 B (p.24〜25)

1. (1) $x=2$ のとき極小値 -27

(2) $x=-2$ のとき極大値 -3, $x=0$ 極小値 1　　(3) $x=\dfrac{27}{8}$ のとき極小値 $\dfrac{27}{4}$

(4) $x=\sqrt{e}$ のとき極大値 $\dfrac{e}{2}$　　(5) $x=1$ のとき極小値 $1-6\log 2$

(6) $x=\dfrac{\pi}{3}$ のとき極大値 $\dfrac{3\sqrt{3}}{4}$, $x=\dfrac{5}{3}\pi$ のとき極小値 $-\dfrac{3\sqrt{3}}{4}$

2. $a>0$ のとき $\mathrm{P}\!\left(\dfrac{a}{3},\dfrac{4}{27}a^3\right)$, $a<0$ のとき $\mathrm{P}(a,0)$.

点 P の軌跡は右の図

3. $a=4$

4. (1) $x=1$ のとき最大値 4, $x=2$ のとき最小値 -12

(2) $x=3-\sqrt{2}$ のとき最小値 $3-\sqrt{2}$, $x=4$ のとき最大値 5

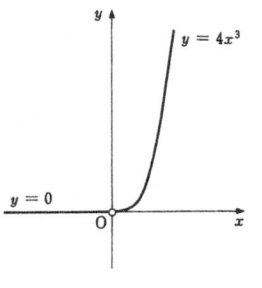

(3) $x = 2n\pi + \dfrac{2}{3}\pi$ のとき最大値 $\dfrac{3\sqrt{3}}{2}$, $x = 2n\pi - \dfrac{2}{3}\pi$ のとき最小値 $-\dfrac{3\sqrt{3}}{2}$ (n は整数)

5. * 表面積を $2\pi a^2$ とする; 底面の直径と高さが等しい直円柱

6. 高さが底面の半径の 6 倍である直円柱　　**7.** 売価 110 円のとき, 利益 6720 円

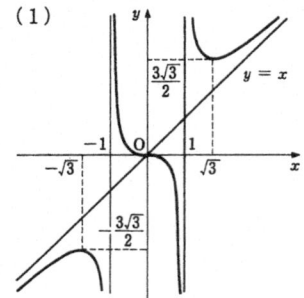

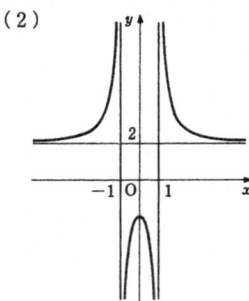

8. (1)　　(2)

9. * k について解いて, $k = f(x)$ とする. 曲線 $y = f(x)$ と直線 $y = k$ の交点の個数を調べる: (1) $k > \dfrac{\sqrt[3]{2}}{2}$ のとき 3 個, $k = \dfrac{\sqrt[3]{2}}{2}$ のとき 2 個, $k < \dfrac{\sqrt[3]{2}}{2}$ のとき 1 個 (2) $-\dfrac{\sqrt{3}}{4} < k < 0$, $0 < k < \dfrac{\sqrt{3}}{4}$ のとき 2 個, $k = 0$, $\pm \dfrac{\sqrt{3}}{4}$ のとき 1 個, $k < -\dfrac{\sqrt{3}}{4}$, $k > \dfrac{\sqrt{3}}{4}$ のときなし

§4. 高次導関数

演習問題 A (p.25 ～ 26)

1. (1) $y''' = 60(x-3)^2$　　(2) $y''' = 27\sin 3x$

(3) $y''' = \dfrac{8}{(3x+1)^2 \sqrt[3]{3x+1}}$　　(4) $y''' = \dfrac{3}{8x^2\sqrt{x}} + 27e^{3x}$

(5) $y''' = -\dfrac{18}{(x-1)^4}$　　(6) $y''' = 47x^2 + 60x^2 \log x$

2. (1) $y' = a\cos cx - c(ax+b)\sin cx$, $y'' = -2ac\sin cx - c^2(ax+b)\cos cx$, $y''' = -3ac^2\cos cx + c^3(ax+b)\sin cx$　　(2) $a = -2$, $b = -3$, $c = \pm 1$

3. (1) $y^{(n)} = (-1)^n e^{-x}$　　(2) $y^{(n)} = 2^n \cos\left(2x + \dfrac{n}{2}\pi\right)$

(3) $y^{(n)} = -\dfrac{(n-1)!}{(1-x)^n}$

4. (1) $y^{(n)} = (-3)^{n-2}\{9x^2 - 6nx + n(n-1)\}e^{-3x}$　　(2) $y^{(n)} = 2^{n-2}\left\{4x^2\sin\left(2x + \dfrac{n}{2}\pi\right) + 4nx\sin\left(2x + \dfrac{n-1}{2}\pi\right) + n(n-1)\sin\left(2x + \dfrac{n-2}{2}\pi\right)\right\}$

(3) $y' = x(1 + 2\log x)$, $y'' = 3 + 2\log x$, $y^{(n)} = (-1)^{n-1}\dfrac{2\cdot(n-3)!}{x^{n-2}}$ ($n \geq 3$)

5. 略

演習問題 B (p.26)

1. (1) $y''' = 8(6\sec^2 2x - 1)\sec 2x \tan 2x$ (2) $y''' = 24\sin 2x(9\cos^2 2x - 2)$

(3) $y''' = -\dfrac{\cos x}{8\sqrt{1 + \sin x}}$ (4) $y''' = \dfrac{4}{(x^2 + 1)^2}$

(5) $y''' = 2\sec^2 x(x + 3\tan x + 3x\tan^2 x)$ (6) $y''' = 2(9\sin x + 13\cos x)e^{3x}$

2. (1) $y^{(n)} = (-1)^{n-1}\dfrac{2\cdot n!}{(x+1)^{n+1}}$ (2) $y^{(n)} = (-1)^{n-1}(n-1)!\left\{\dfrac{1}{(x+3)^n} - \dfrac{1}{(x-2)^n}\right\}$ (3) $y^{(n)} = \dfrac{n!}{2}\left\{\dfrac{(-1)^n}{(1+x)^{n+1}} + \dfrac{1}{(1-x)^{n+1}}\right\}$

3. * (1) $y' = \sqrt{2}\,e^x \sin\left(x + \dfrac{\pi}{4}\right)$ のように整理する． (2) 関数 y を積 $\dfrac{1}{x}\cdot\sin x$ と見てライプニッツの公式を用いる； (1) $y^{(n)} = (\sqrt{2})^n e^x \sin\left(x + \dfrac{n}{4}\pi\right)$

(2) $y^{(n)} = \sum_{r=0}^{n}(-1)^{n-r}\dfrac{n!\sin\left(x + \dfrac{r}{2}\pi\right)}{r!\,x^{n-r+1}}$

4. (1) 略 (2) $f^{(2n)}(0) = (-1)^n(2n)!$, $f^{(2n+1)}(0) = 0$

5. * (2) $\sum_{r=0}^{n}(-1)^r{}_nC_r = 0$ を用いる； 証明略

3. 不 定 積 分

§1. 基本的な不定積分

演習問題 A (p.27〜28)

1. (1) $3\log|x| + \dfrac{2}{3}x\sqrt{x}$ (2) $\dfrac{4}{7}x\sqrt[4]{x^3} - \dfrac{1}{x}$ (3) $2\sqrt{x} + \dfrac{1}{x^2}$

(4) $\dfrac{4}{5}x\sqrt[4]{x} + \dfrac{2}{5}x^2\sqrt{x}$ (5) $3\sqrt[3]{x} - \dfrac{3}{2}\sqrt[3]{x^2}$ (6) $3\sqrt[3]{x^2} + \dfrac{1}{3x^3}$

2. (1) $\dfrac{1}{9}(3x-2)^3$ (2) $-\dfrac{1}{16}(1-4x)^4$ (3) $\dfrac{1}{2}\left(\dfrac{2}{3}x + 1\right)^3$

3. (1) $\log|x+2|$ (2) $-\dfrac{1}{3}\log|7-3x|$ (3) $\dfrac{3}{4}(x+5)\sqrt[3]{x+5}$

(4) $\dfrac{4}{3}\sqrt[4]{(x-2)^3}$ (5) $-\dfrac{1}{2(2x-5)}$ (6) $\dfrac{1}{5}(3x-5)\sqrt[3]{(5-3x)^2}$

4. (1) $\dfrac{x^3}{3} + 2x - \dfrac{1}{x}$ (2) $\dfrac{x^3}{3} - \dfrac{4}{5}x^2\sqrt{x} + \dfrac{x^2}{2}$

72　　　　　　　　　　　　　解　答

(3) $\dfrac{3}{5}x\sqrt[3]{x^2}+2x+3\sqrt[3]{x}$　　(4) $\dfrac{1}{x^2}-\dfrac{1}{x}$　　(5) $\dfrac{2}{5}x^2\sqrt{x}+\dfrac{x^2}{2}$

(6) $3\sqrt[3]{x}+2\sqrt{x}$

5. (1) $\dfrac{1}{3}e^{3x}+2\sin x$　　(2) $\dfrac{1}{2}e^{-2x}-e^{-x}$　　(3) $\dfrac{3^x}{\log 3}-\dfrac{1}{4}e^{-4x}$

(4) $\dfrac{1}{3}\sin(3x+5)$　　(5) $-2\cos\left(\dfrac{x}{2}-9\right)$　　(6) $\dfrac{1}{3}\tan 3x+\dfrac{1}{2}\cos 2x$

(7) $\dfrac{1}{2}e^{2x}+e^{-x}$　　(8) $\tan(x+1)-x$

6. (1) $\dfrac{1}{\sqrt{5}}\tan^{-1}\sqrt{5}x$　　(2) $\dfrac{1}{\sqrt{2}}\tan^{-1}\dfrac{x}{\sqrt{2}}$　　(3) $\dfrac{1}{2}\sin^{-1}2x$

(4) $\sin^{-1}\dfrac{x}{4}$　　**7.** (1) $a\tan\dfrac{x}{a}$　　(2) $\dfrac{1}{a}\tan^{-1}ax$　　(3) $\dfrac{1}{a}\sin^{-1}ax$

演習問題 B (p.28)

1. (1) $\dfrac{2}{5}x^2\sqrt{x}-3x-\dfrac{6}{\sqrt{x}}+\dfrac{1}{2x^2}$　　(2) $\dfrac{2}{15}\sqrt{x}(3x^2-5x+15)$

(3) $\dfrac{3}{5}x\sqrt[3]{x^2}-\dfrac{3}{4}x\sqrt[3]{x}+x$　　(4) $\left(\dfrac{1}{6}+\dfrac{3}{7}e^x+\dfrac{3}{8}e^{2x}+\dfrac{1}{9}e^{3x}\right)e^{6x}$

(5) $\dfrac{1}{2}e^{2x}+e^x+x$　　(6) $\dfrac{1}{\log 2}\left(\dfrac{1}{3}2^{3x}+3\cdot 2^x-3\cdot 2^{-x}-\dfrac{1}{3}2^{-3x}\right)$

2. *　与式の分母を有理化する；(1) $\dfrac{1}{6}\{(x+4)\sqrt{x+4}-x\sqrt{x}\}$

(2) $(3+x)\sqrt{3+x}-(3-x)\sqrt{3-x}$

(3) $\dfrac{1}{6}\{(5+2x)\sqrt{5+2x}-(3+2x)\sqrt{3+2x}\}$

(4) $\dfrac{2}{11}x^5\sqrt{x}+\dfrac{2}{5}x^2\sqrt{x}+\dfrac{x^4}{4}+x$　　(5) $3\sqrt[3]{x}-\dfrac{3}{2}\sqrt[3]{x^2}+x$

3. (1) $\tan x+\sin x$　　(2) $\tan x+\cot x$　　(3) $x+\cos x$

(4) $3\tan x-2x$　　(5) $\tan x-\cot x-4x$　　(6) $\dfrac{1}{2}\sin 2x$

4. *　与式の分母を因数分解；(1) $-\log|x+3|$　　(2) $\dfrac{1}{\sqrt{2}}\tan^{-1}\dfrac{x}{\sqrt{2}}$

(3) $\sin^{-1}\dfrac{x}{2}$

§2. 置換積分・部分積分

演習問題 A (p.29〜30)

1. (1) $\dfrac{3}{4}\left(\dfrac{x}{3}+8\right)^4$　　(2) $-\dfrac{5}{3}\tan\dfrac{4-3x}{5}$　　(3) $\dfrac{1}{4}\sqrt{8x+7}$

(4) $\dfrac{1}{4}(2x+1)^4\left(\dfrac{2}{5}x-\dfrac{1}{20}\right)$　　(5) $\dfrac{1}{30}(x-1)^5(5x+1)$

解答（3. 不定積分）　　　　　　　　　　　　　　　　　73

(6) $\log|x+1| + \dfrac{1}{x+1}$ 　　(7) $-\dfrac{2}{3}(x+10)\sqrt{5-x}$

(8) $\dfrac{1}{2}\tan^{-1}\dfrac{e^x}{2}$ 　　(9) $-\dfrac{1}{\log x}$

2. (1) $\dfrac{1}{3}\log|x^3+2|$ 　　(2) $\dfrac{1}{3}\log(e^{3x}+1)$ 　　(3) $\dfrac{1}{2}\log|\sin 2x|$

(4) $\log|\tan x|$ 　　(5) $\log(e^x+e^{-x})$ 　　(6) $2\log(\sqrt{x}+1)$

3. (1) $\dfrac{1}{3}(x^2+5x)^3$ 　　(2) $-\dfrac{1}{6(5+3x^2)}$ 　　(3) $\dfrac{1}{5}(e^x+4)^5$

(4) $\sqrt{x^2+7}$ 　　(5) $\dfrac{1}{10}\sin^5 2x$ 　　(6) $\dfrac{1}{2}(\log x)^2$

4. (1) $\dfrac{3}{5}(x-3)\sqrt[3]{(x+2)^2}$ 　　(2) $\dfrac{4}{9}(x-5)(x+4)\sqrt[4]{x-5}$

(3) $\dfrac{3}{40}(x-2)(5x+6)\sqrt[3]{(x-2)^2}$

5. (1) $-(x+1)e^{-x}$ 　　(2) $\dfrac{1}{4}(6x+11)e^{2x}$

(3) $(5-4x)\sin x - 4\cos x$ 　　(4) $-6x\cos\dfrac{x}{2} + 12\sin\dfrac{x}{2}$

(5) $\left(\dfrac{x^2}{2}+x\right)\log x - \dfrac{x^2}{4} - x$ 　　(6) $\dfrac{2}{9}x\sqrt{x}(3\log x - 2)$

6. (1) $x^2 e^x$ 　　(2) $\left(\dfrac{7}{4} - \dfrac{x^2}{2}\right)\cos 2x + \dfrac{x}{2}\sin 2x$

(3) $\left(\dfrac{1}{4} - \dfrac{x^2}{2}\right)\sin(1-2x) + \dfrac{x}{2}\cos(1-2x)$

7. (1) $x\tan^{-1}\dfrac{x}{3} - \dfrac{3}{2}\log(9+x^2)$ 　　(2) $x\sin^{-1} 2x + \dfrac{1}{2}\sqrt{1-4x^2}$

(3) $\dfrac{x}{2}(\sin\log x - \cos\log x)$

8. (1) $\dfrac{1}{10}(3\sin 3x - \cos 3x)e^{-x}$ 　　(2) $\dfrac{4}{5}\left(\sin\dfrac{x}{2} - \dfrac{1}{2}\cos\dfrac{x}{2}\right)e^x$

(3) $\dfrac{1}{5}\{2\cos(1-x) - \sin(1-x)\}e^{2x}$ 　　**9.** 略

演習問題 B (p.30 〜 31)

1. (1) $(x+1)^6\left\{\dfrac{1}{8}(x+1)^2 - \dfrac{2}{7}(x+1) + \dfrac{1}{6}\right\}$

(2) $\dfrac{2}{35}\sqrt{x+3}(x+3)(5x^2-12x+24)$ 　　(3) $\dfrac{2}{15}\sqrt{x+1}(3x^2-4x+8)$

2. (1) $2\sin x\sqrt{\sin x}\left(\dfrac{1}{3} - \dfrac{1}{7}\sin^2 x\right)$ 　　(2) $-\dfrac{1}{\sin x} + \log|\sin x|$

(3) $\log x - \log|\log x + 1|$ 　　(4) $\dfrac{1}{4}(\sin^{-1} 2x)^2$

(5) $\frac{1}{2}\tan^{-1}\frac{\tan x}{2}$ (6) $2\sin^{-1}\sqrt{\frac{e^x}{5}}$

3. (1) $(\log \sin x - 1)\sin x$ (2) $(x+x^5)\tan^{-1}x^2 - \frac{2}{3}x^3$

(3) $(\log\log x - 1)\log x$ (4) $\frac{1}{2}(x^2+1)\tan^{-1}x - \frac{x}{2}$

(5) $\left\{\frac{3}{4}\log(2x+1) - \frac{9}{8}\right\}\sqrt[3]{(2x+1)^2}$

(6) $\sqrt{x}(1-x)\log(1+\sqrt{x}) - \frac{x}{2}\left(1 - \frac{2}{3}\sqrt{x}\right)$

4. (1) $(x+1)\sqrt[3]{x+1}\left\{\frac{3}{4}\log(x+1) - \frac{9}{16}\right\}$

(2) $x\log(x+\sqrt{x^2+1}) - \sqrt{x^2+1}$

(3) $\frac{x}{2}\tan 2x + \frac{1}{4}\log|\cos 2x|$ (4) $-\frac{1}{x+1}\{\log(x+1)+1\}$

(5) $-x\cot x + \log|\sin x|$ (6) $(e^x+1)\log(1+e^x) - e^x$

5. (1) $\left(\frac{x^3}{2} - \frac{3}{4}x^2 + \frac{3}{4}x - \frac{3}{8}\right)e^{2x}$ (2) $x(\sin^{-1}x)^2 + 2\sqrt{1-x^2}\sin^{-1}x - 2x$

(3) $x^3\left\{\frac{1}{3}(\log x)^2 - \frac{2}{9}\log x + \frac{2}{27}\right\}$ (4) $x^3\sin^{-1}x + \frac{1}{3}(x^2+2)\sqrt{1-x^2}$

(5) $\frac{1}{10}(\sin 2x - 2\cos 2x)e^x$ (6) $\frac{1}{2}\{x\sin x + (1-x)\cos x\}e^x$

6. * I, J について連立方程式をつくる; $I = \frac{1}{13}(2\sin 3x - 3\cos 3x)e^{2x}$,

$J = \frac{1}{13}(2\cos 3x + 3\sin 3x)e^{2x}$ **7.** 略

§3. 三角関数の積分

演習問題 A (p.31 ~ 32)

1. (1) $\frac{x}{2} + \frac{1}{4}\sin 2x$ (2) $\frac{x}{2} - \frac{3}{4}\sin\frac{2}{3}x$ (3) $-\frac{1}{2}\cos x$

(4) $\frac{x}{2} - \frac{1}{12}\sin(4-6x)$ (5) $\frac{1}{2}\{x - \sin(x-1)\}$ (6) $\frac{x}{8} - \frac{1}{32}\sin 4x$

2. (1) $\frac{1}{2}\cos x - \frac{1}{18}\cos 9x$ (2) $\frac{1}{6}\sin 3x - \frac{1}{18}\sin 9x$

(3) $\frac{1}{10}\sin(5x+1) + \frac{1}{2}\sin(x-5)$ **3.** (1) $\frac{1}{9}\cos^3 3x - \frac{1}{3}\cos 3x$

(2) $\frac{1}{4}\sin 2x - \cos x - \frac{x}{2}$ (3) $\frac{x}{2} - \frac{1}{4}\sin 2x + \frac{1}{3}\sin^3 x$

4. (1) $\frac{1}{2}\sin^4\frac{x}{2}$ (2) $\log(1+\sin x)$ (3) $-\tan^{-1}\cos x$

解答（3. 不定積分） 75

(4) $\sin^3 \dfrac{x}{3} - \dfrac{3}{5}\sin^5 \dfrac{x}{3}$ (5) $\dfrac{1}{4\cos 4x}$ (6) $\log|\sin x| + \log|\tan x|$

5. (1) $\log\left|\tan\dfrac{x}{2}\right|$ (2) $-\cot\dfrac{x}{2}$ (3) $\dfrac{1}{\sqrt{2}}\tan^{-1}\left(\dfrac{1}{\sqrt{2}}\tan\dfrac{x}{2}\right)$

6. (1) $\dfrac{5}{2}x + \dfrac{3}{4}\sin 2x + \cos 2x$ (2) $\dfrac{x^2}{4} - \dfrac{x}{4}\sin 2x - \dfrac{1}{8}\cos 2x$

(3) $\dfrac{x^2}{4} + \dfrac{3}{4}x\sin\dfrac{2}{3}x + \dfrac{9}{8}\cos\dfrac{2}{3}x$ **7.** (1) 略

(2) ① $\tan x + \dfrac{1}{3}\tan^3 x$ ② $-\dfrac{1}{3}\cot^3 x - \cot x$ ③ $\dfrac{1}{\sqrt{2}}\tan^{-1}\dfrac{\tan x}{\sqrt{2}}$

演習問題 B (p.32～33)

1. ＊ (1), (2), (3) 積を和に直す； (1) $\dfrac{1}{4}\cos x - \dfrac{1}{6}\cos 3x - \dfrac{1}{28}\cos 7x$

(2) $\dfrac{1}{14}\sin 7x - \dfrac{1}{68}\sin 17x - \dfrac{1}{12}\sin 3x$

(3) $\dfrac{x}{4} - \dfrac{3}{16}\sin 2x + \dfrac{1}{16}\sin 4x - \dfrac{1}{48}\sin 6x$

(4) $-\operatorname{cosec} x - \cot x - x$ (5) $\dfrac{3}{8}x - \dfrac{3}{4}\sin\dfrac{2}{3}x + \dfrac{3}{32}\sin\dfrac{4}{3}x$

(6) $\sin x - \dfrac{1}{3}\sin^3 x - \dfrac{1}{4}\cos^4 x$

2. (1) $\dfrac{x^3}{3} + \dfrac{x}{2} - \dfrac{1}{4}\sin 2x - 2\sin x + 2x\cos x$

(2) $\dfrac{5}{2}x + 2\sin x + \dfrac{1}{4}\sin 2x + \dfrac{2}{3}\sin 3x + \dfrac{1}{2}\sin 4x$

(3) $\dfrac{5}{2}x - 2\sin x - \dfrac{1}{8}\sin 4x + \dfrac{2}{5}\sin 5x - \dfrac{1}{3}\sin 6x$

3. (1) $-\dfrac{3}{4}\cos x + \dfrac{1}{12}\cos 3x$ (2) $\dfrac{9}{4}\sin\dfrac{x}{3} + \dfrac{1}{4}\sin x$

(3) $\dfrac{3}{8}\cos(3-2x) - \dfrac{1}{24}\cos(9-6x)$

4. (1) $-\dfrac{1}{3}\left(\cos 3x - \dfrac{2}{3}\cos^3 3x + \dfrac{1}{5}\cos^5 3x\right)$ (2) $2\tan^{-1}\sin x - \sin x$

(3) $\sec x + 2\cos x - \dfrac{1}{3}\cos^3 x$ (4) $\operatorname{cosec} x - \dfrac{1}{3}\operatorname{cosec}^3 x$

(5) ＊ $t = \tan x$ とおく； $\dfrac{1}{2}\log|2\tan x - 3|$

(6) ＊ $t = \cos x$ とおく； $\tan^{-1}\cos x - \cos x$

5. (1) $\dfrac{1}{3}\tan^3 x - 2\tan x + 2x$ (2) $\dfrac{1}{2}\tan^{-1}(2\tan x)$

(3) $\dfrac{1}{2}\tan x + \dfrac{1}{2\sqrt{2}}\tan^{-1}(\sqrt{2}\tan x)$ (4) $\dfrac{2}{3\sqrt{5}}\tan^{-1}\left(\dfrac{\sqrt{5}}{3}\tan\dfrac{x}{2}\right)$

(5) $\frac{1}{2}\tan\frac{x}{2}+\frac{1}{6}\tan^3\frac{x}{2}$

(6) * $t=\tan\frac{x}{2}$ とおく；$\frac{1}{8}\tan^2\frac{x}{2}-\frac{1}{8}\cot^2\frac{x}{2}+\frac{1}{2}\log\left|\tan\frac{x}{2}\right|$

6. (1) $\frac{x^3}{6}+\frac{1}{8}(1-2x^2)\sin 2x-\frac{x}{4}\cos 2x$　(2) $\frac{1}{10}(5+2\sin 2x+\cos 2x)e^x$

(3) $\left(\frac{x^2}{2}-1\right)\cos x+\frac{1}{5}\left(\frac{1}{25}-\frac{x^2}{2}\right)\cos 5x+\frac{x}{25}\sin 5x-x\sin x$

7. 略　　**8.** (1) $-\frac{1}{4}\sin^3 x\cos x-\frac{3}{8}\sin x\cos x+\frac{3}{8}x$

(2) $\frac{1}{5}\cos^4 x\sin x+\frac{4}{15}\cos^2 x\sin x+\frac{8}{15}\sin x$

(3) $-\frac{1}{10}\sin^4 2x\cos 2x-\frac{2}{15}\sin^2 2x\cos 2x-\frac{4}{15}\cos 2x$

(4) $\frac{1}{18}\cos^5 3x\sin 3x+\frac{5}{72}\cos^3 3x\sin 3x+\frac{5}{48}\cos 3x\sin 3x+\frac{5}{16}x$

§4. 有理関数，無理関数の積分

演習問題 A (p.33〜34)

1. (1) $\frac{3}{2}x^2-3x+8\log|x+1|$　(2) $x-\frac{1}{2}\tan^{-1}\frac{x}{2}$

(3) $x^2+\frac{1}{2}\log(x^2+2)$　(4) $\log\left|\frac{x-2}{x+2}\right|$　(5) $\frac{1}{8}\log\left|\frac{x-4}{x+4}\right|$

(6) $\log\left|\frac{x-3}{x-2}\right|$　(7) $\frac{3}{4}\log|x-1|+\frac{5}{4}\log|x+3|$

(8) $\frac{1}{7}\log\left|\frac{x-5}{x+2}\right|$　(9) $-\frac{1}{21}\log|3x+1|-\frac{2}{7}\log|x-2|$

2. (1) $\log|x+2|+\frac{2}{x+2}$　(2) $\log|x-3|-\frac{4}{x-3}$

(3) $\frac{1}{9}\log\left|\frac{x}{x-3}\right|-\frac{1}{3(x-3)}$　(4) $2\log\left|\frac{x+1}{x}\right|-\frac{2}{x}$

(5) $-\frac{1}{4}\log|x+1|+\frac{5}{4}\log|x-1|-\frac{5}{2(x-1)}$

3. (1) $\frac{1}{2}\log(x^2+2)+\sqrt{2}\tan^{-1}\frac{x}{\sqrt{2}}$　(2) $2x-\frac{3}{2}\log(x^2+1)-2\tan^{-1}x$

(3) $\log(x^2-2x+5)-\tan^{-1}\frac{x-1}{2}$　(4) $\frac{3}{4}\log|x|+\frac{1}{8}\log(x^2+4)$

(5) $\frac{1}{4}\log(x^2+2x+5)+\frac{1}{2}\tan^{-1}\frac{x+1}{2}-\frac{1}{2}\log|x+1|$

4. (1) $\frac{1}{2}\log\frac{1+\sin x}{1-\sin x}$　(2) $\frac{1}{2\sqrt{2}}\log\frac{\sqrt{2}-\cos x}{\sqrt{2}+\cos x}$

解答（3. 不定積分）

5. （1）$\log|x+\sqrt{x^2-7}|$ （2）$\frac{1}{2}\log|2x+\sqrt{4x^2+7}|$

（3）$\frac{1}{2}\left(x\sqrt{x^2-5}-5\log|x+\sqrt{x^2-5}|\right)$

（4）$\frac{1}{2\sqrt{2}}\left(\sqrt{2}x\sqrt{2x^2+3}+3\log\left|\sqrt{2}x+\sqrt{2x^2+3}\right|\right)$

（5）$\frac{1}{2}\left(x\sqrt{9-x^2}+9\sin^{-1}\frac{x}{3}\right)$ （6）$\frac{1}{2}\left(x\sqrt{3-x^2}+3\sin^{-1}\frac{x}{\sqrt{3}}\right)$

6. （1）$2\log\frac{\sqrt{x}}{\sqrt{x}+1}$ （2）$\log\left|\frac{\sqrt{x+1}-1}{\sqrt{x+1}+1}\right|$

（3）$2\sqrt{x-2}+2\log|\sqrt{x-2}-1|$

7. （1）$\frac{1}{2}\left(\sin^{-1}x-x\sqrt{1-x^2}\right)$ （2）$\frac{x}{\sqrt{1+x^2}}$

演習問題 B （p.34 〜 35）

1. （1）$\frac{5}{2}\log|x-1|-6\log|x-2|+\frac{7}{2}\log|x-3|$

（2）$\frac{7}{15}\log|x-2|-\frac{1}{6}\log|x+1|-\frac{3}{10}\log|x+3|$

（3）$\log\frac{|x-3|^3}{(x+1)^2}+\frac{1}{x+1}$ （4）$\frac{3}{x-2}+\log(x-2)^4(x^2+1)+3\tan^{-1}x$

2. ＊ $t=x^2$ とおいて部分分数に分解；（1）$\frac{1}{32}\log\left|\frac{x-2}{x+2}\right|-\frac{1}{16}\tan^{-1}\frac{x}{2}$

（2）$\frac{1}{10}\log\left|\frac{x-1}{x+1}\right|-\frac{3}{5\sqrt{6}}\tan^{-1}\frac{\sqrt{6}}{2}x$ （3）$\frac{2}{\sqrt{3}}\tan^{-1}\frac{x}{\sqrt{3}}-\frac{1}{\sqrt{2}}\tan^{-1}\frac{x}{\sqrt{2}}$

（4）$\frac{7}{6\sqrt{5}}\log\left|\frac{x-\sqrt{5}}{x+\sqrt{5}}\right|-\frac{\sqrt{2}}{3}\log\left|\frac{x-\sqrt{2}}{x+\sqrt{2}}\right|$ **3.** （1）$\frac{1}{4}\log\frac{|e^x-2|}{e^x}+\frac{1}{2e^x}$

（2）$\frac{1}{3}\log\left|\frac{\tan\frac{x}{2}-2}{2\tan\frac{x}{2}-1}\right|$ （3）$\frac{1}{9}\log\left|\frac{2+\log x}{1-\log x}\right|+\frac{1}{3(1-\log x)}$

（4）$\frac{1}{4}\left(\log\frac{1+\sin x}{1-\sin x}-\frac{1}{1+\sin x}+\frac{1}{1-\sin x}\right)$

4. ＊ §3 演習問題 A 7(1) (p.32) を用いる；（1）$\frac{1}{2}\log\left|\frac{\tan x-1}{\tan x+1}\right|$

（2）$\sqrt{2}\tan^{-1}(\sqrt{2}\tan x)-x$ （3）$\frac{2}{\sqrt{3}}\tan^{-1}\frac{2\tan x}{\sqrt{3}}-x$

5. （1）$\frac{1}{2}\sin^{-1}\frac{2x-1}{\sqrt{2}}$ （2）$\frac{1}{3}\sin^{-1}\frac{3x+1}{\sqrt{3}}$

（3）$\frac{1}{2}\log\left|2x-3+\sqrt{4x^2-12x+11}\right|$

（4）$\frac{1}{2}\left\{(x+2)\sqrt{x^2+4x+3}-\log|x+2+\sqrt{x^2+4x+3}|\right\}$

(5) $\dfrac{1}{2}\left\{(x-1)\sqrt{2+2x-x^2}+3\sin^{-1}\dfrac{x-1}{\sqrt{3}}\right\}$

6. (1) $\dfrac{1}{\sqrt{2}}\log\dfrac{\sqrt{e^x+2}-\sqrt{2}}{\sqrt{e^x+2}+\sqrt{2}}$ (2) $\dfrac{4}{3}\sqrt[4]{x^3}-4\sqrt[4]{x}+4\tan^{-1}\sqrt[4]{x}$

(3) $\sqrt{2}\log\left|\dfrac{\sqrt{x+2}-\sqrt{2}}{\sqrt{x+2}+\sqrt{2}}\right|-\log\left|\dfrac{\sqrt{x+2}-1}{\sqrt{x+2}+1}\right|$

(4) $\log\left|\dfrac{\sqrt{x-1}+\sqrt{x+1}}{\sqrt{x-1}-\sqrt{x+1}}\right|-2\tan^{-1}\sqrt{\dfrac{x-1}{x+1}}$

7. (1) $\sin^{-1}\dfrac{x}{\sqrt{2}}-\dfrac{x\sqrt{2-x^2}}{2}$ (2) $\dfrac{x+1}{\sqrt{1-x^2}}$

(3) $\dfrac{x}{4\sqrt{4+x^2}}$ (4) $-\dfrac{x}{4\sqrt{x^2-4}}$

4. 定 積 分

§1. 定積分

演習問題 A (p.36)

1. (1) $F'(x)=\int_a^x f(t)\,dt+2xf(x)$ (2) $F'(x)=f(x)-f(a)$

2. (1) $2\sqrt{2}$ (2) 1 **3.** 略

演習問題 B (p.36)

1. *   (2) $0<x<\dfrac{\pi}{2}$ のとき, $\dfrac{1}{2}<1-\dfrac{1}{2}\sin^2 x<1$ である; 証明略

2. 略   **3.** (1) $F'(x)=3f(3x)$ (2) $F'(x)=2xf(x^2)$

(3) $F'(x)=\sin x\,f(\cos x)$ (4) $F'(x)=5f(5x)-2f(2x)$

4. * (1) $-|f(x)|\le f(x)\le|f(x)|$ を用いる.   (2) 任意の実数 t について, $\int_a^b\{f(x)+tg(x)\}^2\,dx\ge 0$ が成り立つ. この左辺を t の2次式とみて判別式を考える.

§2. 定積分の計算

演習問題 A (p.37〜38)

1. (1) $\dfrac{4}{3}$ (2) $\dfrac{4}{7}$ (3) $e^2-\dfrac{1}{2}e^4-\dfrac{1}{2}$ (4) $\dfrac{3}{2}$

(5) $\dfrac{\sqrt{3}}{2}$ (6) $2-\dfrac{\pi}{2}$ (7) $\dfrac{1}{5}$ (8) $\dfrac{2}{3}$ (9) $\log 3$

2. (1) $\dfrac{34}{3}$ (2) $\dfrac{23}{2}+12\log 2$ (3) $\dfrac{1}{3}\log 2$ (4) $\log\dfrac{12}{5}$

(5) $\log 4$

解答（4. 定積分） 79

3. （1） $\dfrac{\pi}{6\sqrt{3}}$ （2） $\dfrac{5}{24\sqrt{3}}\pi$ （3） $\dfrac{\pi}{4}$ （4） $\dfrac{\pi}{3\sqrt{3}}$ （5） $\dfrac{\pi}{4}$

（6） $\dfrac{\pi}{4}$ 　　4. （1） 10　（2） $\dfrac{59}{3}$ 　（3） 2

5. （1） $-\dfrac{10}{3}$ 　（2） $\sqrt{2}-1$ 　（3） $\dfrac{3}{16}$ 　（4） 4　（5） $\dfrac{16}{3}$

（6） $\dfrac{1}{2\sqrt{3}}$ 　　6. （1） -2 　（2） $\dfrac{1}{4}(3e^4+1)$ 　（3） $e+\dfrac{1}{e}$

（4） $4\log 2 - \dfrac{15}{16}$ 　（5） $1-\dfrac{2}{e}$ 　（6） $\pi - 2\log 2$

7. （1） $\dfrac{4}{3}$ 　（2） $\dfrac{\pi}{16}$ 　（3） $\dfrac{5}{16}\pi$

演習問題 B（p.38）

1. （1） $\dfrac{3\sqrt{3}}{10}$ 　（2） $\dfrac{4}{3}(\sqrt{2}-1)$ 　（3） $\dfrac{1}{2}\log\dfrac{32}{27}$ 　（4） $\dfrac{1}{4}+\log\dfrac{5}{6}$

（5） $\dfrac{1}{6}\log 3 + \dfrac{\pi}{2\sqrt{3}}$

2. （1） $\dfrac{2}{3}\pi + 4\sqrt{3}$ 　（2） $2\sqrt{2}-2$

3. （1） $\dfrac{1}{2}$ 　（2） $\dfrac{1}{42}(16-11\sqrt[4]{2})$ 　（3） $2+\log\dfrac{3}{2}$ 　（4） $\dfrac{\pi}{6}-\dfrac{\pi}{8\sqrt{3}}$

（5） ＊　$t=\tan\dfrac{x}{2}$ とおく；$\sqrt{2}\log(\sqrt{2}+1)$

4. （1） $\dfrac{2}{3}\pi - \dfrac{\sqrt{3}}{2}$ 　（2） $\dfrac{\pi}{\sqrt{3}}-1$ 　（3） $\log 2 - \dfrac{1}{2}$ 　（4） $\dfrac{e}{2}-1$

（5） $\dfrac{\pi^2}{4}-2$ 　（6） $e-2$

5. （1） $\dfrac{1}{20}(\alpha-\beta)^5$ 　（2） $\dfrac{1}{12}(\alpha-\gamma)^3(\alpha-2\beta+\gamma)$

6. ＊（1） 区間 $[0,1]$ で $\dfrac{1}{1+x^2} \leq \dfrac{1}{1+x^n} \leq 1$ を用いる．

（2） 区間 $\left[0, \dfrac{1}{2}\right]$ で $1 \leq \dfrac{1}{\sqrt{1-x^n}} \leq \dfrac{1}{\sqrt{1-x^2}}$ を用いる．

§3. 広義の積分

演習問題 A（p.39）

1. （1） 4　（2） $2\sqrt{2}$ 　（3） 2

2. （1） $\dfrac{1}{6}$ 　（2） $\dfrac{1}{\log 2}$ 　（3） $\dfrac{1}{2}\log 3$

3. 略　　4. （1） $\dfrac{\pi}{4}$ 　（2） $\dfrac{\pi^2}{8}$ 　（3） $\dfrac{1}{\log 2}$

演習問題 B (p.39)

1. (1) $\frac{3}{2}\sqrt[3]{9}$ (2) π (3) 存在しない
2. (1) $\log\sqrt{2}$ (2) $\frac{2}{5}$ (3) 存在しない
3. (1) $\frac{\pi}{2}$ (2) $\log(3+2\sqrt{2})$ (3) * $x=\tan^2 t$ とおく； $\frac{\pi}{4}+\frac{1}{2}$
4. 略

§4. 面積・体積

演習問題 A (p.40〜41)

1. (1) $\frac{4}{3}$ (2) $\frac{5}{6}$ (3) $\frac{1}{2}(e^3-e)$
2. (1) $2\log 2$ (2) $\frac{1}{3}$ (3) $\frac{27}{4}\sqrt[3]{9}-12$
3. (1) $\frac{9}{8}$ (2) $\frac{27}{4}$ (3) $\frac{37}{12}$ (4) $\frac{4}{15}$
4. (1) $\frac{1}{6}$ (2) 9 (3) $\frac{4}{3}$ (4) $\frac{4}{3}$
5. (1) $\frac{9}{2}$ (2) $\frac{16}{3}$ (3) $\frac{14}{3}-6\log 2$
6. (1) π (2) $\frac{1}{6}$ 7. (1) $\frac{1}{4}(e^{4\pi}-1)$ (2) $\frac{3}{4}\pi$
8. (1) $\frac{\pi}{2}(e^2-1)$ (2) $\frac{14}{3}\pi$ (3) $\frac{16}{15}\pi$ (4) $\frac{\pi}{2}$
9. (1) $\frac{2}{35}\pi$ (2) $\frac{32}{3}\pi$ (3) $\frac{\pi}{6}$ (4) $\frac{\pi}{6}$

演習問題 B (p.41)

1. (1) $\frac{8}{5}$ (2) 8 (3) $\frac{27}{140}$ (4) 8
2. (1) $\frac{65}{24}\sqrt{65}$ (2) $\frac{37}{12}$ (3) $\frac{13}{6}$ (4) $\frac{9}{4}\sqrt{3}$
3. (1) π (2) $\pi+\frac{2}{3}$
4. (1) $\frac{8}{3}$ (2) * 第2章 §1 演習問題 B 5 (p.21) 参照； $\frac{3}{8}\pi$
5. (1) $4+\frac{\pi}{4}$ (2) $1+\frac{\pi}{8}$ 6. $\frac{1}{6}(3a^2+h^2)\pi h$
7. $V_x=\frac{\pi^3}{2}-4\pi,\ V_y=\frac{\pi^2}{2}$ 8. (1) $\frac{4}{3}\pi ab^2$ (2) $5\pi^2 a^3$

5. 微分積分の応用

§1. 数列・級数

演習問題 A (p.42 〜 43)

1. (1) ∞ に発散　(2) 0 に収束　(3) 0 に収束　(4) 振動
(5) -1 に収束　(6) 0 に収束　(7) 0 に収束　(8) -1 に収束
(9) 0 に収束　**2.** (1) 0　(2) 0　(3) 1

3. $0 \leq \theta < \dfrac{\pi}{4}$ のとき 0 に収束, $\theta = \dfrac{\pi}{4}$ のとき 1 に収束, $\dfrac{\pi}{4} < \theta < \dfrac{\pi}{2}$ のとき ∞ に発散

4. (1) $-2 \leq x < -\sqrt{2}$, $\sqrt{2} < x \leq 2$　(2) $1-\sqrt{2} \leq x < 1$, $1 < x \leq 1+\sqrt{2}$

5. (1) $\dfrac{3}{5}$　(2) 6　(3) $\dfrac{2}{7}$　(4) $\dfrac{1}{2}$　(5) $\dfrac{3}{4}$

6. 略　**7.** (1) $\dfrac{4}{3}$　(2) $\dfrac{7}{30}$　(3) $\dfrac{34}{333}$　**8.** l　**9.** 略

演習問題 B (p.43 〜 44)

1. (1) 2 に収束　(2) 3 に収束

2. (1) $r \neq \pm 1$ のとき 0 に収束, $r = 1$ のとき $\dfrac{1}{2}$ に収束, $r = -1$ のとき振動
(2) $|r| > 2$ のとき 1 に収束, $r = 2$ のとき 0 に収束, $|r| < 2$ のとき -1 に収束

3. * (1) $k \leq |a| < k+1$ となる整数 k をとる. たとえば, $a=3$ のとき
$\dfrac{3^n}{n!} = \dfrac{3 \cdot 3 \cdot 3 \cdot 3 \cdots 3}{1 \cdot 2 \cdot 3 \cdot 4 \cdots n} < \dfrac{3}{1} \cdot \dfrac{3}{2} \cdot \dfrac{3 \cdot 3 \cdots 3}{3 \cdot 3 \cdots 3} \cdot \dfrac{3}{n} = \dfrac{27}{2n}$ にならって $|a|^n/n! < (k+1)^n/n!$
の右辺を変形する.　(2) 不等式 $(1+x)^n > 1 + nx$ ($n \geq 2$) において,
$x = 1/\sqrt{n}$ とすると $\left(1 + \dfrac{1}{\sqrt{n}}\right)^n > \sqrt{n} > 1$ がわかる；証明略

4. (1) 発散　(2) $x < -2$, $x > 0$ のとき $\dfrac{1}{x}$ に収束, $-2 \leq x \leq -1$,
$-1 < x \leq 0$ のとき発散
(3) $x = 2n\pi \pm \dfrac{\pi}{2}$ のとき 0 に収束, $x \neq 2n\pi \pm \dfrac{\pi}{2}$ のとき 1 に収束 (n は整数)

5. * (1) 正項級数の性質と次の不等式を用いる. $\dfrac{1}{(n+1)^a} < \displaystyle\int_n^{n+1} \dfrac{dx}{x^a}$
(2) $\displaystyle\int_n^{n+1} \dfrac{dx}{x^a} < \dfrac{1}{n^a}$；証明略

6. * (1) 正項級数の性質と次の不等式を用いる. $\dfrac{1}{n^2+1} < \dfrac{1}{n^2}$
(2) $\dfrac{1}{\sqrt{n^2+n}} > \dfrac{1}{\sqrt{2}n}$　(3) $\dfrac{1}{\sqrt[3]{n+1}} > \dfrac{1}{\sqrt[3]{2}\sqrt[3]{n}}$；(1) 収束　(2) 発散
(3) 発散

7. (1) 略　　(2) * $S=\lim_{n\to\infty}S_{2n}$ とおき，$S_{2n+1}=S_{2n}+a_{2n+1}$ と仮定を用いる．

8. * 正項級数に対する収束判定法を用いる；(1) 収束　　(2) 収束
(3) 収束

9. * 調和級数と問題 5, 7 の結果を用いる．$\sum a_n$, $\sum |a_n|$ の順；(1) 収束，発散　　(2) 収束，収束　　(3) 収束，発散

§2. 関数の展開

演習問題 A (p.44)

1. (1) $1+\frac{3}{2}x+\frac{3}{8}x^2$　　(2) $1+\frac{2}{3}x-\frac{4}{9}x^2$　　(3) $1-\frac{9}{2}x^2$

2. (1) 1.045　　(2) 1.116　　(3) 0.820

3. (1) $1+x^2+\frac{x^4}{2}$　　(2) $1+3x+9x^2$
(3) $x^2-\frac{x^4}{2}+\frac{x^6}{3}$　　(4) $1+\frac{x}{4}-\frac{3}{32}x^2$

4. (1) $1+x\log 2+\frac{x^2}{2}(\log 2)^2$　　(2) $1+\frac{x}{2}+\frac{3}{8}x^2$
(3) $1+2x+2x^2$　　(4) $-x^2-\frac{x^4}{2}-\frac{x^6}{3}$

演習問題 B (p.44～45)

1. (1) $x-\frac{2}{3}x^3+\frac{2}{15}x^5$　　(2) $-x-\frac{5}{2}x^2-\frac{7}{3}x^3$

2. * $\sinh x=\frac{e^x-e^{-x}}{2}$；$\sum_{n=1}^{\infty}\frac{x^{2n-1}}{(2n-1)!}$　　3. $x+\frac{x^3}{3}+\frac{2}{15}x^5$

4., 5. 略　　6. * $t=x-2$ とおいて e^t の展開を用いる．$e^2\sum_{n=0}^{\infty}\frac{(x-2)^n}{n!}$

§3. 不定形の極限

演習問題 A (p.45～46)

1. (1) $\frac{2}{3}$　　(2) 1　　(3) $\frac{1}{4}$　　(4) 2　　(5) 1　　(6) 0

2. (1) 0　　(2) 0　　(3) 1

3. (1) 1　　(2) $\frac{1}{2}$　　(3) $\frac{3}{2}$　　(4) 0

4. (1) 0　　(2) 0　　(3) $\frac{1}{e}$　　(4) 1　　(5) 1

5. (1) $\frac{1}{12}$　　(2) 2　　6. (1) $-\frac{9}{16}$　　(2) $\frac{e^2}{4}$　　(3) $\frac{1}{2}$

演習問題 B (p.46)

1. (1) $\frac{1}{2}$ (2) 1 (3) -4 (4) 1 (5) 1

2. (1) 0 (2) $-\frac{1}{2}$ (3) 1 (4) 0 (5) $\frac{1}{2}$

3. (1) $\frac{1}{2}$ (2) * $\frac{1}{x^2} - \cot^2 x = \frac{\sin^2 x - x^2 \cos^2 x}{x^2 \sin^2 x}$; $\frac{2}{3}$

4. (1) ① $\frac{1}{6}$ ② $\frac{1}{3}$ (2) ① 略 ② 1

5. (1) 2 (2) $\frac{\pi}{2} - \log 2$ (3) $\frac{2}{27}$

§4. 定積分の応用

演習問題 A (p.47)

1. (1) 12 (2) $\log 3 - \frac{1}{2}$ **2.** (1) 6 (2) $2\sqrt{2}$

3. (1) $\frac{\sqrt{(\log 2)^2 + 1}}{\log 2}$ (2) $\pi\sqrt{\pi^2 + 1} + \log(\pi + \sqrt{\pi^2 + 1})$

4. (1) $\left(\frac{8}{5}, \frac{3}{8}\right)$ (2) $\left(\frac{9}{20}, \frac{9}{20}\right)$ (3) $\left(\frac{4}{\pi}, \frac{4}{3\pi}\right)$

5. (1) $\frac{\pi}{4} - \frac{1}{2}\log 2$ (2) $\frac{e^4 + 3}{4e(e^2 - 1)}$

6. (1) $\frac{7}{3}$ (2) $\frac{2}{3}(8 - 3\sqrt{3})$ (3) $2\log 2 - 1$ (4) $\frac{\pi}{4}$

7. (1) $\frac{1}{3}$ (2) $\log \frac{4}{3}$ (3) $\frac{1}{2}$

演習問題 B (p.48)

1. (1) $1 + \frac{1}{2} \log \frac{3}{2}$ (2) $\log(\sqrt{2} + 1)$

2. (1) $\frac{3}{2}$ (2) $\frac{1}{3}(10\sqrt{10} - 2\sqrt{2})$ (3) $\frac{3}{2}\pi$

3. (1) $\left(\frac{e^2 + 1}{4}, \frac{e - 2}{2}\right)$ (2) $\left(\frac{\pi}{2}, \frac{\pi}{8}\right)$ (3) $\left(\frac{1}{5}, \frac{1}{5}\right)$

(4) $\left(-\frac{a}{6}, 0\right)$ **4.** $\frac{n(n+1)(2n+1)}{12}$

5. (1) $\frac{1}{4} \log 3$ (2) $\frac{\pi}{4} + \frac{1}{2}\log 2$ (3) $-\frac{2}{3}\log 2$

6. (1) $\frac{4}{15}(\sqrt{2} + 1)$ (2) $\frac{17}{6}$ **7.** $\frac{\pi}{4} - \frac{1}{\pi}$

8. * $\frac{1}{\sqrt{n^4 + k^2}} < \frac{1}{\sqrt{n^2 + k^2}}$ を用い,両辺の第 n 部分和の極限を考える.

6. 偏微分

§1. 偏微分

演習問題 A（p.49 〜 50）

1. （1） 0　　（2） 存在しない　　（3） 0　　（4） 1

2. （1） 平面全体　　（2） $y < x$　　（3） 直線 $x = 0$ を除いた領域

3. （1） $z_x = 2xy^3 + 3x^2y^2$, $z_y = 3x^2y^2 + 2x^3y$

（2） $z_x = \dfrac{2x}{3\sqrt[3]{(x^2-y^2)^2}}$, $z_y = -\dfrac{2y}{3\sqrt[3]{(x^2-y^2)^2}}$

（3） $z_x = e^{x+y}(\cos xy - y\sin xy)$, $z_y = e^{x+y}(\cos xy - x\sin xy)$

（4） $z_x = -\dfrac{2y}{(1+xy)^2}$, $z_y = -\dfrac{2x}{(1+xy)^2}$

（5） $z_x = \dfrac{1}{\sqrt{1-(x+2y)^2}}$, $z_y = \dfrac{2}{\sqrt{1-(x+2y)^2}}$

（6） $z_x = y\cot xy$, $z_y = x\cot xy$　　**4.** 略

5. （1） $z_{xx} = 2y^3 - 24xy^2 + 12xy$, $z_{xy} = 6xy^2 - 24x^2y + 6x^2$, $z_{yy} = 6x^2y - 8x^3$

（2） $z_{xx} = -\dfrac{2y}{(x+y)^3}$, $z_{xy} = \dfrac{x-y}{(x+y)^3}$, $z_{yy} = \dfrac{2x}{(x+y)^3}$

（3） $z_{xx} = 2y^2(1+2x^2y^2)e^{x^2y^2}$, $z_{xy} = 4xy(1+x^2y^2)e^{x^2y^2}$, $z_{yy} = 2x^2(1+2x^2y^2)e^{x^2y^2}$　　（4） $z_{xx} = 2y^2\cos xy - xy^3\sin xy$, $z_{xy} = (1-x^2y^2)\sin xy + 3xy\cos xy$, $z_{yy} = 2x^2\cos xy - x^3y\sin xy$

6. 略　　**7.** （1） $dz = (3x^2 + 2xy^2)dx + (2x^2y + 3y^2)dy$

（2） $dz = 2(x + 3y + 1)(dx + 3dy)$　　（3） $dz = \dfrac{(ydx + xdy)\cos\sqrt{xy}}{2\sqrt{xy}}$

（4） $dz = \dfrac{ydx + xdy}{\sqrt{1-x^2y^2}}$　　**8.** （1） 269　　（2） 2.17

9. $du = (y^2 + z^2 + 2xy + 2zx)dx + (z^2 + x^2 + 2yz + 2xy)dy + (x^2 + y^2 + 2zx + 2yz)dz$, $u_{xx} = 2(y+z)$, $u_{yy} = 2(z+x)$, $u_{zz} = 2(x+y)$, $u_{xy} = u_{yx} = 2(x+y)$, $u_{yz} = u_{zy} = 2(y+z)$, $u_{zx} = u_{xz} = 2(z+x)$

演習問題 B（p.50）

1. * （1） 直線 $y = x$ と曲線 $y = x^2 - 3x$ に沿って考える.

（2） 直線 $y = x$ と曲線 $y = x^2$ に沿って考える.

2. (1) $z_x = \dfrac{(y\,e^x + y\,e^y - e^x)e^{xy}}{(e^x + e^y)^2}$, $z_y = \dfrac{(x\,e^x + x\,e^y - e^y)e^{xy}}{(e^x + e^y)^2}$

(2) $z_x = -\dfrac{y}{x\sqrt{x^2-y^2}}$, $z_y = \dfrac{1}{\sqrt{x^2-y^2}}$ (3) $z_x = -\dfrac{y}{x^2+y^2}$, $z_y = \dfrac{x}{x^2+y^2}$

(4) $z_x = \dfrac{1}{(x+y)\log y}$, $z_y = \dfrac{y\log y - (x+y)\log(x+y)}{y(x+y)(\log y)^2}$

(5) $z_x = \left(\dfrac{y}{x} + \log y\right)x^y\,y^x$, $z_y = \left(\dfrac{x}{y} + \log x\right)x^y\,y^x$

3. (1) $dz = \dfrac{y\,dx + x\,dy}{\sqrt{1+x^2y^2}}$ (2) $dz = \dfrac{y(1+y^2)dx + x(1+x^2)dy}{(1+x^2+y^2+x^2y^2)\sqrt{1+x^2+y^2}}$

(3) $du = \dfrac{yz^2\,dx - xz(x+z)dy + x^2y\,dz}{(x+z)^2 y^2}$

(4) $du = \dfrac{-yz\,dx + zx\,dy + xy\,dz}{x\sqrt{x^2 - y^2 z^2}}$

4. (1) $z_{xx} = 2y^2(15x^4 + 12x^2y^2 + y^4)$, $z_{xy} = 4xy(3x^4 + 8x^2y^2 + 3y^4)$,
$z_{yy} = 2x^2(x^4 + 12x^2y^2 + 15y^4)$

(2) $z_{xx} = \dfrac{2xy(x^2 + 3y^2)}{(x^2-y^2)^3}$, $z_{xy} = -\dfrac{x^4 + 6x^2y^2 + y^4}{(x^2-y^2)^3}$, $z_{yy} = \dfrac{2xy(3x^2+y^2)}{(x^2-y^2)^3}$

(3) $z_{xx} = -\dfrac{2(x^2+y^2)}{(x^2-y^2)^2}$, $z_{xy} = \dfrac{4xy}{(x^2-y^2)^2}$, $z_{yy} = -\dfrac{2(x^2+y^2)}{(x^2-y^2)^2}$

5., 6. 略

§2. 基本公式

演習問題 A (p.51)

1. (1) $\dfrac{dz}{dt} = \sec t$ (2) $\dfrac{dz}{dt} = \dfrac{1}{2t^2+2t+1}$ (3) $\dfrac{dz}{dt} = \dfrac{4(1-2t)}{(t-2)^2(t+1)^2}$

2. (1) $z_u = 2y(2x+y)(u+v) + 2x(x+2y)(u-v)$,
$z_v = 2y(2x+y)(u+v) - 2x(x+2y)(u-v)$

(2) $z_u = (y\,e^v + xv\,e^u)\cos xy$, $z_v = (yu\,e^v + x\,e^u)\cos xy$

(3) $z_u = \dfrac{v\log y}{x} + \dfrac{\log x}{yv}$, $z_v = \dfrac{u\log y}{x} - \dfrac{u\log x}{yv^2}$

3. (1) $y' = \dfrac{4x^2 + 3xy - 2y}{x(1-x)}$ (2) $y' = \dfrac{1 - y(x-y)\cos xy}{1 + x(x-y)\cos xy}$

(3) $y' = \dfrac{y - 2(x+y)\sqrt{1-x^2y^2}}{2(x+y)\sqrt{1-x^2y^2} - x}$ (4) $y' = -\dfrac{\sqrt{x^2+y^2} + 3x\sqrt[3]{(x+y)^2}}{\sqrt{x^2+y^2} + 3y\sqrt[3]{(x+y)^2}}$

4. 略 **5.** $y'' = \dfrac{x+y}{(x^2+xy+1)^2}\left\{\dfrac{(x-y)^2}{x^2+xy+1} + 2(y^2+xy+1)\right\}$

演習問題 B (p.51 ～ 52)

1. （1）略　　（2） $\dfrac{d^2z}{dx^2} = f_{xx} + 2f_{xy}\dfrac{dy}{dx} + f_{yy}\left(\dfrac{dy}{dx}\right)^2 + f_y\dfrac{d^2y}{dx^2}$

2. $\dfrac{\partial^2 z}{\partial u^2} = \dfrac{\partial^2 z}{\partial x^2}\left(\dfrac{\partial x}{\partial u}\right)^2 + 2\dfrac{\partial^2 z}{\partial x\partial y}\dfrac{\partial x}{\partial u}\dfrac{\partial y}{\partial u} + \dfrac{\partial^2 z}{\partial y^2}\left(\dfrac{\partial y}{\partial u}\right)^2 + \dfrac{\partial z}{\partial x}\dfrac{\partial^2 x}{\partial u^2} + \dfrac{\partial z}{\partial y}\dfrac{\partial^2 y}{\partial u^2}$,

$\dfrac{\partial^2 z}{\partial v^2} = \dfrac{\partial^2 z}{\partial x^2}\left(\dfrac{\partial x}{\partial v}\right)^2 + 2\dfrac{\partial^2 z}{\partial x\partial y}\dfrac{\partial x}{\partial v}\dfrac{\partial y}{\partial v} + \dfrac{\partial^2 z}{\partial y^2}\left(\dfrac{\partial y}{\partial v}\right)^2 + \dfrac{\partial z}{\partial x}\dfrac{\partial^2 x}{\partial v^2} + \dfrac{\partial z}{\partial y}\dfrac{\partial^2 y}{\partial v^2}$

3. （1） $z_u = 2uz_x - vz_y$, $z_v = 2vz_x - uz_y$

（2） $z_u = 2uz_x\cos x - vz_y\sin y$, $z_v = 2vz_x\cos x - uz_y\sin y$

4. 略　　**5.** （1） $y'' = \dfrac{2(x^2+y^2)}{(x-y)^3}$　　（2） $y'' = \dfrac{h^2-ab}{(hx+by)^3}$

6. （1）略　　（2） $\dfrac{dy}{dx} = \dfrac{z-3x}{3y-2z}$, $\dfrac{dz}{dx} = \dfrac{2x-y}{3y-2z}$

7. （1） $z_x = -\dfrac{y+1}{2z}$, $z_y = -\dfrac{x+1}{2z}$　　（2） $z_x = \dfrac{2x-y}{2z}$, $z_y = \dfrac{2y-x}{2z}$

（3） $z_x = y(1-\cos xy)e^x$, $z_y = x(1-\cos xy)e^x$

（4） $z_x = \dfrac{1-ze^{xz}}{xe^{xz}+ye^{yz}}$, $z_y = \dfrac{1-ze^{yz}}{xe^{xz}+ye^{yz}}$　　**8.** 略

§3. 偏微分の応用

演習問題 A (p.53)

1. （1） $x=-1$, $y=-1$ のとき極大値 1

（2） $x=-1$, $y=0$ のとき極大値 1

（3） $x=0$, $y=-2$ のとき極小値 -4　　（4） $x=0$, $y=0$ のとき極小値 0

2. （1）極値なし　　（2）極値なし　　（3）極値なし

（4） $x=0$, $y=-1$ のとき極小値 2

3. $x=3$, $y=-1$ のとき最小値 4

4. （1） $x=3$ のとき極大値 -2, $x=-3$ のとき極小値 2

（2） $x=2$ のとき極小値 4　　（3） $x=1$ のとき極小値 0

5. 1辺の長さが $\sqrt{2}a$ の正方形

6. $x=1$, $y=1$ のとき最大値 2, $x=-1$, $y=-1$ のとき最小値 -2

7. （1） $1+xy$　　（2） $x+y-\dfrac{1}{2}(x+y)^2$

演習問題 B (p.53 ～ 54)

解答（7. 重積分）

1. （1） $x=1, y=0$ および $x=-1, y=0$ のとき極大値 1
（2） $x=0, y=0$ のとき極小値 0
（3） * 極値をとりうる点 $(0,0)$ では直線 $y=x$ と $y=-x$ （$-\sqrt{2}<x<\sqrt{2}$）に沿って考える; $x=1, y=-1$ および $x=-1, y=1$ のとき極小値 -2
（4） $x=\frac{1}{2}, y=\frac{1}{2}$ のとき極大値 $\frac{1}{\sqrt{e}}$, $x=-\frac{1}{2}, y=-\frac{1}{2}$ のとき極小値 $-\frac{1}{\sqrt{e}}$

2. 残りの 3 辺の長さが 1 の等脚台形

3. 1 辺の長さが $2\sqrt{3}a$ の正三角形

4. （1） $x=\sqrt{3}$ のとき極大値 $3\sqrt{3}$, $x=-\sqrt{3}$ のとき極小値 $-3\sqrt{3}$
（2） $x=4$ のとき極大値 $\frac{1}{2}$

5. $x=\pm 3\sqrt{2}, y=3$ のとき最大値 54, $x=\pm 3\sqrt{2}, y=-3$ のとき最小値 -54

6. 略   **7.** * 前問 **6** を用いる．(2) では 3 辺の長さを x, y, z とすると $2s = x+y+z$ である．ヘロンの公式より，関数 $u=s(s-x)(s-y)(s-z)$ を考える;
（1） 立方体　　（2） 1 辺の長さが $\frac{2}{3}s$ の正三角形

8. $1+\frac{1}{2}(x^2+y^2)$ **9.** 略

7. 重 積 分

§1. 2重積分

演習問題 A (p.55～56)

1. （1） $\frac{7}{3}(\sqrt{3}-\sqrt{2})$　　（2） $\frac{\pi}{12}\log\frac{5}{4}$　　（3） $\frac{\sqrt{3}-1}{2}$　　（4） $\frac{12}{5}$

2. （1） e^2-2e+1　　（2） $\frac{8}{15}(4-\sqrt{2})$　　（3） $\frac{2}{3}$　　（4） 0

3. （1） -4　　（2） $2\log 2-\frac{5}{4}$　　**4.** （1） $\int_0^4\int_{\frac{y^2}{8}}^{\sqrt{y}} F(x,y)\,dx\,dy$

（2） $\int_0^1\int_{4-4y}^4 F(x,y)\,dx\,dy + \int_1^3\int_{(y-1)^2}^4 F(x,y)\,dx\,dy$

5. （1） $\frac{1}{4}-\frac{1}{4e^4}$　　（2） $e-1$

6. （1） $2\pi\log 2$　　（2） $\frac{5}{8}\pi$　　（3） $\frac{16}{15}\sqrt{2}$　　**7.** $\frac{\pi}{2}-1$

演習問題 B (p.56)

1. (1) $\dfrac{1}{2}\log\dfrac{3}{2}-\dfrac{\pi}{12\sqrt{3}}$ (2) $\dfrac{1}{2}-\dfrac{1}{2}\log 2$ (3) $\dfrac{\sqrt{3}}{6}+\dfrac{\pi}{9}$

(4) $\dfrac{10}{3}e^2-\dfrac{4}{3}e$

2. (1) $\dfrac{333}{20}$ (2) $\dfrac{1}{4}+2e-\dfrac{3}{4}e^2$ (3) $\dfrac{1}{2}e^4-e^2$

(4) * y について部分積分； $\dfrac{1}{12}(\pi+1-4\log 2)$ (5) * 前問と同様； $\dfrac{119}{144}-\dfrac{29}{24}\log 2$

3. (1) $\displaystyle\int_0^2\int_{\frac{y^2}{4}}^{2-\sqrt{4-y^2}}F(x,y)\,dx\,dy+\int_0^2\int_{2+\sqrt{4-y^2}}^4 F(x,y)\,dx\,dy+\int_2^4\int_{\frac{y^2}{4}}^4 F(x,y)\,dx\,dy$

(2) $\displaystyle\int_2^3\int_{2-\sqrt{x-2}}^{2+\sqrt{x-2}}F(x,y)\,dy\,dx+\int_3^4\int_{2-\sqrt{4-x}}^{2+\sqrt{4-x}}F(x,y)\,dy\,dx$

4. (1) $\dfrac{9}{2}\pi-6$

(2) * 曲線 $r^2=\cos 2\theta$ はレムニスケートといい，右の図のような曲線； $\dfrac{\pi}{32}$

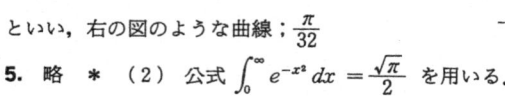

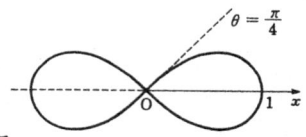

5. 略 * (2) 公式 $\displaystyle\int_0^\infty e^{-x^2}\,dx=\dfrac{\sqrt{\pi}}{2}$ を用いる．

§2. 3 重積分・体積

演習問題 A (p.57～58)

1. (1) 9 (2) $\dfrac{2}{15}$ (3) $\dfrac{1}{8}e^4-\dfrac{3}{4}e^2+e-\dfrac{3}{8}$ (4) $\dfrac{4}{3}\pi$

2. (1) $\dfrac{31}{3}$ (2) $\dfrac{26}{5}$ (3) 0 (4) $\dfrac{4+32\sqrt{2}}{15}$

3. (1) $\dfrac{2}{3}$ (2) $\dfrac{17}{210}$ **4.** (1) $\dfrac{4}{3}$ (2) $\dfrac{4}{3}$ (3) $\dfrac{3}{10}$

5. (1) $\dfrac{8}{3}$ (2) $\dfrac{1}{3}$ (3) $\dfrac{1}{24}$ (4) $\dfrac{128}{3}$

6. (1) $\dfrac{\pi}{2}$ (2) $\dfrac{\pi}{2}$ (3) $\dfrac{4}{3}\pi(8-3\sqrt{3})$ (4) $\dfrac{7}{3}\pi$

演習問題 B (p.58)

1. (1) $\dfrac{\pi}{6}-\dfrac{2}{9}$ (2) $\dfrac{4}{15}\pi a^5$ (3) $\dfrac{\pi}{8}\left(\log\dfrac{3+2\sqrt{2}}{2+\sqrt{3}}+6\sqrt{2}-2\sqrt{3}\right)$

2. (1) $\dfrac{16}{315}$ (2) $\dfrac{3}{4}-\log 2$ (3) $\dfrac{9}{2}\log 3-6\log 2-\dfrac{1}{2}$

3. * (1) y で積分し $x^m(a-x)^n = \dfrac{x^m(a-x)^n}{m+n+1}\left\{(m+1) + \dfrac{na}{a-x} - \dfrac{nx}{a-x}\right\}$

を用いて, 第1項を部分積分する.

(2) y, z についての2重積分に前問(1)を利用.

4. (1) $\dfrac{32}{15}a^3$ (2) $\dfrac{2}{45}$ (3) $\dfrac{32}{3}\pi$ **5.** (1) π (2) $\dfrac{3}{4}\pi$

(3) * レムニスケートの極方程式を求める. (§1演習問題B **4** のヒント参照);
$\dfrac{2}{3}\pi + \dfrac{8}{9}(5 - 4\sqrt{2})$

編著者略歴

矢野健太郎　1912年　東京都出身．東京大学理学部数学科卒業．
東京工業大学名誉教授，理学博士．
パリ大学理学博士，日本数学教育学会名誉会員．

石原　繁　1922年　東京都出身．東北大学理学部数学科卒業．
東京工業大学名誉教授，理学博士．

船橋昭一　1942年　東京都出身．東京学芸大学教育学部卒業，東京工業大学大学院修士課程修了．現在　日本工業大学名誉教授，理学修士，教育学修士．

石原育夫　1949年　東京都出身．金沢大学理学部数学科卒業，東京理科大学大学院修士課程修了．元東京都立工業高等専門学校教授，理学修士．

問題集　微 分 積 分

2010年　2月25日　第1版1刷発行
2020年　9月30日　第2版1刷発行
2025年　3月20日　第2版6刷発行

検印省略

定価はカバーに表示してあります．

編　者　　矢 野 健 太 郎
　　　　　石　原　　繁

発 行 者　　吉 野 和 浩

発 行 所　　東京都千代田区四番町8-1
　　　　　電話　03 3262 9166
　　　　　株式会社　裳 華 房

印刷・製本　株式会社デジタルパブリッシングサービス

一般社団法人
自然科学書協会会員

JCOPY　〈出版者著作権管理機構　委託出版物〉
本書の無断複製は著作権法上での例外を除き禁じられています．複製される場合は，そのつど事前に，出版者著作権管理機構（電話03-5244-5088，FAX 03-5244-5089, e-mail: info@jcopy.or.jp）の許諾を得てください．

ISBN 978-4-7853-1554-2

© 矢野健太郎, 石原 繁, 船橋昭一, 石原育夫, 2010　　Printed in Japan